作って動かすALife

実装を通した人工生命モデル理論入門

岡 瑞起
池上 高志
ドミニク・チェン 著
青木 竜太
丸山 典宏

O'REILLY®
オライリー・ジャパン

本書で使用するシステム名、製品名はいずれも各社の商標、または登録商標です。
なお、本書では™、®、© マークは省略している場合もあります。

本書の内容について、株式会社オライリー・ジャパンは最大限の努力を持って正確を期していますが、
本書の内容に基づく運用結果については責任を負いかねますので、ご了承ください。

まえがき

本書の目的

「人工生命」という言葉を聞いたことはありますか？

「人工知能」は知っているけれど、「人工生命」は初めて聞くという人は多いでしょう。

この言葉は、「Artificial Life」の訳語で、英語では「ALife（エーライフ）」と略されます。人工生命とはずばり、人間がコンピュータの力を借りながら生命の挙動をシミュレーションすることによって、「生命とは何か？」という根源的な問いを探究する分野を指します。

この本は、より多くの人に ALife に興味を持ってもらうと同時に、自身のコンピュータ上で ALife のプログラムを動かし、自身の関心にそって新しい ALife の使い方を学んでもらうために書かれています。

大きな前提として、今日、生命についてテクノロジーを使って考えることには、どのような意味があるのでしょうか？

実は、コンピュータの歴史は、生命を「計算」しようとした科学者たちの軌跡でもあります。コンピュータの数学的原理を打ち立てた数学者のアラン・チューリングは、生物の持つ模様を数式化した「モルフォジェネシス」という論文を 1952 年に発表しましたし、モダンなコンピュータの基本構造を作り上げたジョン・フォン・ノイマンは、「自己増殖」という生命的な挙動を数学的に定義し、1966 年に「自己増殖オートマトン」の研究としてまとめました（本書では、この両者のモデルに基づいた実際のプログラムにも触れて学んでいきます）。

このように、コンピュータによってもたらされた計算能力によって、それまでは複雑すぎて人間の手では太刀打ちできなかった生命の領域に切り込もうという流れが生まれたのです。現代の高度化した科学でも、まだ「生命とは何か？」を完全に定義で

きないでいますし、身体に付随する人間の心や意識の研究も、途上の段階にあります。

　この状況の中、ALife とは、すでに存在する生命体を観察することで生命を理解しようとするのではなく、「生命の本質とはこういうことではないか？」という仮説をたくさん立てて、その仮説を基に人工的なシステムを作ってしまうことで、生命を理解しようとするアプローチなのです。

　今日の ALife の主な方法論として、コンピュータ上のソフトウェアを使う手法（ソフト ALife）、ロボットなどの物理的な機械を使う手法（ハード ALife）、そして化学や遺伝工学を使う手法（ウェット ALife）があります。

　この本は、プログラムを書きながら「ソフト ALife」の方法を学ぶための入門書という位置付けですが、本書を読み終わる頃にはロボットを使った「ハード ALife」への道も見えてくるでしょう。化学的なアプローチにも興味を持った読者は、この本で学んだソフトウェアを化学の分野で応用できるかもしれません。

対象とする読者

　この本は、コンピュータを使って生命そのものをデザインすることに興味のある人全般に、読み進めてもらえるように努めて書いています。

　その意味でこの本は、もともと「生命とは何か？」という問いに関心のある自然科学の研究者やエンジニア、ALife の研究を志す学生だけではなく、キャラクターや環境の生成のために ALife を使いたいゲームデザイナー、自分の創造性の幅を広げたいクリエイターにも読み進められるように書かれています。一通り本書を読み進めた頃には、人工生命という観点から現代のテクノロジーをとらえる視点を獲得できるでしょう。

　ALife は、人工知能で使われる機械学習の技術も活用するので、人工知能に興味のある人や、すでに作っている人にとっても、発想とアウトプットの幅を拡張するきっかけにしてもらえると考えています。

　また、この本には ALife の実行用ソースコードが付いています。必要なプログラミングのスキルについては、ソースコードを読んで「この部分は何をしているか」という意味がおおよそわかるレベルであれば、大丈夫です。この本では人工知能系のプログラミングでよく使われる Python という言語で書かれたコードを使って学んでいきますが、Python をはじめて使う人でも、本で参照しているコードをダウンロードすれば実行できるように書いています。

　この本は、あくまでプログラミングを書いて実行し、ALife の挙動を身体感覚でつ

かむことを主眼にしているので、生命性に関するコンセプトや理論についての詳しい議論は省いています。また、紹介するアルゴリズムや概念も、深掘りしようとするとそれぞれで一冊本が書けてしまうところを、ぎゅっと圧縮して書いています。

このように入門的な本書ですが、全体を読み終え、さまざまなコードを実際に書いて動かした後には、より詳しい人工生命の本や記事を読めるようになるでしょう。

今日の ALife の状況と、本書が書かれた理由

ここまで読んで、「でも、ALife って具体的に何の役に立つの？」という疑問を持った人も多いでしょう。そこで、「役に立つ」現代的なテクノロジー分野の代表格である人工知能（Artificial Intelligence；AI）と ALife の比較をしてみて、この疑問に答えてみましょう。

20 世紀後半に花開いたコンピュータのテクノロジーが人類にもたらした恩恵は計り知れず、なかでも人工知能（AI）技術の発展によって私たちは今日、未解明の病気への対処方法を見つけたり、人間にとっては大変な労働作業を代替してもらったり、新しい知識や人との出会いを増やしたりすることができています。

ただその一方で、人間に特有の知性と創造力を必要とする新たな課題も生み出されています。例えば、インターネットの普及によって個々人が日常的に処理するべき情報量が圧倒的に増えたために、それぞれの人が創造的な行為に費やせる時間は短くなっているという問題があります。

人間の合理的な認知能力には、限界があります。それは文字通り、「認知限界」と呼ばれています。人工知能技術は、人間の認知限界を超える量の情報を処理して、その中からパターンを識別することで、作業の自動化や効率化をもたらす技術だと言えます。

これに対して、人工生命（ALife）技術には、「新たな自然を作り出す」という特徴があります。それを使って、人間の知性を補完したり増幅したりするために活用し、多種多様な創造的行為を支援することができると考えられます。

例えば、AI にはデータをたくさん与えて機械的に学習させて、自動的に「良質な」情報を選ばせることができます。その意味で AI は、雑多な情報を整理して最適化する力が優れていると言えます。しかし、「新しい商品を考える」、「新しいデザインを考える」、「新しい研究のアイディアを作る」というように、最適化の関数が作れない、あるいは最適化ではない問題に対してはどうやったらよいのかについては、AI にはわかりません。

　良いアイディアは、単純に定量化できる情報の中に入っていないことが多いのです。だから、データにはないものを新たに作るという能力が大切です。そして、それこそが、ALife が得意な領域なのです。

　この本は、ALife の考え方にそってコンピュータ技術を活用することによって、より生命的に活性化する社会がもたらされると信じる、5名の著者によって書かれました。

　長らく日本と海外で ALife の研究を牽引しながら、そこから生まれる技術をアート活動へと展開してきた池上高志、コンピュータサイエンス出身でウェブの生命的な挙動を研究しているうちに ALife の面白さに惹き込まれた岡瑞起、インターネット上における創造の共有地（クリエイティブ・コモンズ）を拡げる活動をしながらネットワークの生命性に魅了されたドミニク・チェン、新たな世界の見え方を提示するアーティストや研究者が集まるコミュニティを育てながら、ALife という存在が人の行動を変え、新たな文化や社会を作ると信じる青木竜太、そしてもともとは宇宙物理学のシミュレーションを行っていて、今は池上研究室でマルチエージェントシミュレーションの研究に携わる丸山典宏。

　この5名は、それぞれの観点から、今の時代にこそ ALife のもたらす価値を広めたいと強く願っています。

章立てと、本書の使い方

　この本では、ALife において主要となる7つの概念を、項目ごとに紹介する辞書のような構成になっています。その意味では、一番興味のある項目から読みはじめてもらって構いません。すべての項目を読んでいけば、ALife の概念同士がどのように関係しているのかがわかるでしょう。

1章「ALife とは」

　人工生命の歴史を振り返り、コンピュータサイエンスや人工知能といった計算の問題に留まらず、社会的な視野にも広がる問題体系であることを説明しています。

2章「生命のパターンを作る」

　設計図から全体を作るのではなく、部分が自己組織的に形を作り出すことによって全体が生成されていく仕組みを学びます。

3章「個と自己複製」

　仮想分子の集合が膜を作り、個体が生まれ、さらにそれが自己複製を行う過程を追います。

4章「生命としての群れ」

複数の個体が、集団として振る舞う仕組みを見ていきます。

5章「身体性を獲得する」

個体の「身体性」に注目した論理を学びます。

6章「個体の動きが進化する」

遺伝的アルゴリズムを用いて、個体が進化していく過程を見ます。

7章「ダンスとしての相互作用」

6章で見た進化してきた個体が、ともに相互作用して共進化する様子を見ていきます。

8章「意識の未来」

人工生命は意識を持つことができるのでしょうか？ この最終章では、この謎に迫る研究や概念を紹介していきます。

本書の大きな特徴は、ALife の挙動を実際にプログラムを実装することを通して、身体感覚でつかむことを目的としている点です。「仕組みを理解してから作る」のではなく「作りながら仕組みを理解する」ことを通して、ALife の歴史を理解するだけではなく、未来の ALife 研究に貢献してもらえれば、と思います。全8章のうち、2章から7章までに、この本のために書き下ろしたプログラムが対応しています。

この本で使用するプログラムは、すべて Python によって書かれています。これらのプログラムを実行するコンピュータの OS は、Windows、Mac、Linux のいずれでも大丈夫です。

なお、本書のサンプルプログラムに必要な実行環境とパッケージの各バージョンは以下を想定しています。

本書全体
- Python 3.6.3
- NumPy 1.14.5
- Vispy 0.5.3
- PyQt 5.10.1
5章
- Pyglet 1.3.2
- Pymunk 5.3.2
6章および7章

- Pillow 5.1.0
- Keras 2.2.0
- TensorFlow 1.8.0

　もしもあなたが Python やそのモジュールのインストールに慣れていなかったり、簡単に環境構築をすませたい場合は、「Anaconda」というデータサイエンスや機械学習のアプリケーションでよく使われるディストリビューションを使うことを推奨します。Anaconda には、NumPy をはじめとした ALife の実装にもよく使われる多くのライブラリも付属しているため、比較的簡単にプログラミングをはじめることができます。

　以下に、簡単なインストール方法を示します。

［セットアップ］
・Anaconda のインストール
https://www.anaconda.com/download/

・本書のサンプルプログラムに必要なライブラリのインストール
　上記のパッケージのうち、Anaconda に付属していないものをインストールします。Anaconda に付属している GUI アプリケーションの「Anaconda Navigator」を利用するか、以下のようにコマンドラインからインストールしてください。

```
$ pip install pyglet pymunk vispy keras tensorflow
```

　また、本書で使用するプログラムは、以下の GitHub のリポジトリから取得することができます。

https://github.com/alifelab/alife_book_src

　本書を読み進めながら、手元でプログラムを動かして、ALife の概念を感覚的に実感してみてください。

なお、本書に関する最新情報は、上記 GitHub リポジトリのトップページに反映されています。本書内容の正誤表、プログラムのバグ報告や変更履歴につきましては、こちらの参照をお願いします。

ALife を作ってみよう

これで ALife の探究の旅に出る準備が整いました。本書の全体を読んで、旅を楽しんでいただければうれしいです。

また、この本の著者たちは、「ALIFE Lab.」というコミュニティを作って運用しています。以下の Facebook ページで、最新の活動やイベントの告知、そして関連するニュースなどを発信しているので、ぜひチェックしてみてください。

https://www.facebook.com/alifelab.org

この本を読んで、「こんな ALife を作ったよ！」という方は、ハッシュタグ「# 作って動かす ALife」をつけて、ぜひご自身のソーシャルメディアに投稿してみてください。

謝辞

2017 年春、オライリー・ジャパンの田村英男さんに本書の企画を提案したところ、ALife の目指す理念に共感していただき、すぐに執筆がはじまりました。また、オライリー・ジャパンの書籍をたくさん編集してきた窪木淳子さんには懇切丁寧な整理をしていただき、助けてもらいました。著者一同、おふたりのプロフェッショナリズムに心から感謝します。

本書の文章とコードのレビューをしていただいた東京大学池上高志研究室の小島大樹さん、ラナ・シナパヤさん、升森敦士さん、そして橋本康弘さんたちに、感謝します。

また、事前に本書の内容を読んでフィードバックを送っていただいた ArtHackDay 参加者の堀川淳一郎さん、角谷啓太さん、泉田隆介さん、水落大さん、中農稔さん、石射和明さん、川端渉さん、ありがとうございました。

そしてもちろん、この本を手に取っていただいた読者のあなたにも最大限の感謝の念をお伝えします。ここで紹介した ALife の考え方や技術が、あなたの活動により一層の生命性を吹き込む手助けとなれば幸いです。

2018 年 7 月 1 日

著者一同

目　次

1章
ALife とは

生命を人工的に再現する、という考え方はどのようにして生まれたのでしょうか？

この章では、人工生命を意味する「ALife」の計算によって生命の機構をとらえようとする考え方が、20世紀から現代に至るまでの情報科学の系譜、また人工知能研究との関連の中で、どのように位置づけられるのかの概観を示します。

1.1　科学としての生命の定義

21世紀初頭の現在、現代科学はまだ生命の全貌を解き明かすには至っていません。20世紀を通して、地球上の生物の分類が劇的に進んだとはいえ、いまだ未発見の微生物が膨大に存在していることがわかっています。

また、生命的なシステムが行う発生、成長、遺伝、自己複製、適応、進化、分化といった個々のメカニズムについては理解が進んできましたし、クローン細胞や幹細胞などの遺伝工学の研究によって生命の発生をある程度デザインすることも可能になりましたが、そうしたすべての生命的な特性を統合して、一から生命体を作る段階にはきていません。

医学や工学といった領域は、人間に利するものを作るという強い目的に駆動されています。そこで扱われる生命の操作は、人間の病気を治したり予防したりすることや、生活の利便性や効率性を上げるため、という目的があります。人間の平均寿命は伸び続け、再生医療の発達によって難病の治療が期待され、創薬のプロセスにおいては人工知能の活用が効果を上げています。

また、遺伝工学の発展によって、親が子どもの遺伝を操作するデザイナーベビーの登場も現実味を帯びてきていますし、身体障害者の義肢が高度化し続ければ健常者を上回る身体能力を得られるようになります。また、マイクロバイオームと呼ばれる、

生物の体内に無数に生息する微生物の働きが心身の健康へもたらす影響もわかってきており、有機栽培のビオ食品や人工的に培養された菌類が注入された食品が店頭に多く並んでいます。

このように、テクノロジーとエンジニアリングが生命性と結合することによって、人間が抱く生命の認識も「変えることのできない所与のもの」から「目的に応じて改変可能なもの」へと徐々に変わりつつあります。

しかし、生命は、そもそも目的があって存在するわけではありません。

飛行機の発明は、鳥や羽虫という生命を再現するためにではなく、鳥や羽虫が持っている「飛べる」という特性を、人間の移動という目的のために、別の機構で再現したものです。ダーウィンの進化論によってわかったこと（そうであると多くの科学者が信じていること）として、あらゆる生命がその身を委ねている自然淘汰（Natural Selection）のプロセスには目的がない、ということです。鳥は、飛ぶことに適応して羽が発達したのではなく、自然淘汰の結果、たまたま羽を発達させた進化グループが適応しただけです。

社会的な合目的性にドライブされるエンジニアリングにとっては、無目的性から生まれた生命現象を真に包括的に理解する動機も必要も存在しないのだと言えるでしょう。

このことは、軍事や経済の需要という強い合目的性に後押しされて超高度に発達してきた計算機（コンピュータ）をもってしても、いまだ生命の本質に到達できていないことの理由のひとつなのかもしれません。

そもそも生命は、計算というパラダイムによってとらえることができるのでしょうか？　「ALife」（人工生命）の領域は、まさにこの問題に向き合うものだと言えます。

1.2　人工生命は実験数学である

「人工生命」という言葉は、1986 年にアメリカのコンピュータ科学者であるクリストファー・ラントンが提唱した「Artificial Life」の訳語で、英語では「ALife（エーライフ）」と略されます。

人工生命とは、コンピュータや化学実験、ロボット実験を通じて「生命とは何か？」を問う分野です。特に ALife では、既存の生命（life-as-we-know-it）をその一部として含むような、「ありえたかもしれない生命」（life-as-it-could-be）の可能性を探求することにより、より大きな生命のかたちを追究するアプローチを取ります。

大きな前提として、今日、生命についてコンピュータを使ったシミュレーションを

通して考えることには、どのような意味があるのでしょうか？

　コンピュータの歴史は、「計算とは何か」ということを明らかにしようとすることによって始まりました。

　まえがきでも触れたように、コンピュータの概念を成立させる最も根本的な「計算可能性」の理論を打ち立てたアラン・チューリングや、それを実際の機械として具現化したジョン・フォン・ノイマンは、何よりも数学というツールの力を拡張した人たちでした。この2人に共通している興味深い点は、彼らが数学によって生命を記述しようとしたことです。チューリングは1952年に、「反応拡散系」という化学反応の数式によって生命的なパターンが生成される論文を発表し、フォン・ノイマンは1966年に、「自己増殖」という生命の最も根源的な特徴を数学的に記述する論文を発表しています[1]。

　現代的なコンピュータの完成は、それ以前には人間の手による遅い計算に頼らざるを得なかった研究領域を次々と加速させました。計算を多量に必要とする数学や工学、物理学といった学問が飛躍的に発展し、同時にコンピュータの情報処理能力も向上し続けてきました。

　この流れの中で、「知能とは何か？」や「生命とは何か？」といった、それまでは抽象的な概念を介してしか議論を行えなかったテーマに対して、コンピュータの計算によるシミュレーションという実行システムで検証することが可能になったのです。チューリングやフォン・ノイマンらによる黎明期の ALife にしても、同時期に生まれた人工知能にしても、仮説的な知能のモデルを計算してみることで、知能とは何かという問いそのものを研鑽してきました。

　それでも、チューリングの反応拡散系やフォン・ノイマンの自己増殖オートマトンが実際にコンピュータ上でなめらかに動かせるようになるには、最初の論文の発表から数十年を要しました。ちょうどラントンが「Artificial Life」という名称を考えた1980年代は、廉価に手に入るパーソナルコンピュータが普及し、超並列化されたスーパーコンピュータが開発されはじめた時代に当たりますが、それによってより大規模なエージェントや群れのシミュレーションが可能になったのです。

　通常の紙と鉛筆で行う数学のことを理論数学と言うのであれば、コンピュータやロボットや化学を使いながら計算することで新しい発見をしていく数学のことを実験数学と言います。

　そして、抽象的な生命論から、新しい具体的な生命のわかり方を構築するのが ALife の研究です。コンピュータという第二の脳によって、生物学的な第一の脳がこ

れまで見たこともない、予測不可能なパターンや現象や運動を発見することが可能になり、ALife の研究が生み出されたとも言えます。

　例えば、化学反応の方程式をコンピュータで走らせることにより、「まるで貝殻のような」パターンが出現し、「まるで何かを遺伝していくようなもの」や「まるで何かに困っているようなもの」が生まれてくるプロセスが見てとれます。それは従来から知られている生命のモデルの具体化である場合もあれば、見たことのない未知の生命のモデルのヒントが出現する場合もあるでしょう。また、人間の観察からは独立した生命の定義が可能なのか、それとも人間が認知する「生命らしさ」の仕組みが重要なのか、という議論もあります。

　本書は、ALife の主な方法論として、コンピュータ上のソフトウェアを使う手法（ソフト ALife）に主眼を置きながら、ロボットなどの物理的な機械を使う手法（ハード ALife）、そして化学や遺伝工学を使う手法（ウェット ALife）といった動向についても紹介していきます。

　今日、私たちは、数十年前には想像することも難しかったくらい多様で高性能な技術を安く使うことができるようになりました。これからは、ALife の偉大な先人たちの夢を実現するだけではなく、新しい ALife のかたちや考え方を生み出していくことが可能になっていくでしょう。

1.3　生命の計算

　それでは「生命」という現象と、「計算」という概念は、果たしてどのように接続されるのでしょうか？

　先述した数学者アラン・チューリングは、現代のコンピュータの基本的な作動原理を定義し、人工知能の研究開発のパイオニアであると同時に、ALife の発展においても偉大な役割を果たしました。一言で言えば、機械的な計算と、生命的な計算という 2 つの重要な考え方に先鞭をつけたのです。チューリングは、第二次世界大戦中にドイツ軍のエニグマという暗号を解読するための電気仕掛けの装置、「ボム」（Bombe）を完成させました。その過程は映画『イミテーション・ゲーム』でも詳細に描かれています。

　彼は、計算可能なものという概念を作り出し、具体的に計算を実行できる機械の基本原理、つまりコンピュータそのものの理論を考えました。すべての計算可能なものを実行できる機械を「万能チューリングマシン」と言い、その機械は「チューリング完全」であると言います。

　チューリングは、計算や知性といった抽象的なものに具体的な形を与えたと言えるでしょう。

1.3.1　生命に必要な計算

　では、チューリングマシンの考え方は、生命性とどう関係するのでしょうか？

　例えば、生命もチューリングマシンの一種と考えるとしたらどうでしょう。どちらにエサがあるかを探したり、どうやったら自分の遺伝子を残せるか、どこに巣を作ると安定して生きることができるか、どうしたら幸せになれるか——こうした問題を解くのに、チューリングマシンは使えるでしょうか？

　実際には、まったく使えないでしょう。なぜなら、これら生命システムの解いている問題は、計算可能な問題とは限らないからです。

　ここにあげた「生命的な問題」は、原理的に計算不可能なのかもしれません。それに加えて、生命にとって最も考えるべき問題は、「時間」です。有限な一生の中での、有限な1秒の中での最適戦略とは何なのでしょうか？　生命は、100年後の子孫の胃袋よりも、今の自分の胃袋を心配するものです。

　しかし、チューリングマシンは、計算にかかる時間を度外視しているので、時間の最適化は行いません。無限に計算が続くことを想定しています。生命の世界では、長い時間のかかる計算の途中であっても、決定を下したり行動を取らなくてはなりません。

　また、コンピュータはキーボードから正しい入力を与えてやれば動きますが、コーヒーをかけたら壊れてしまい、動かなくなります。しかし、生物の場合には、コンピュータのように入力を限定しません。何でも入力として受け付けることができます。

　人間に熱いコーヒーをかけたらびっくりして飛び上がったり、やけどをしてしまったり、それまで行っていた行動は中断してしまいますが、手当てをしたり、心を落ち着かせれば、またすぐ再開できるでしょう。

　チューリングマシンの場合は、入力テープが途中でねじれたり、切れたりすることは仮定されません。物理世界ではそれが普通であるし、不測の事態に際しても状況を解釈して動く計算システムでなければ、生き残れないでしょう。

　チューリングマシンは機械的な計算の可能性を示し、現代的なコンピュータの実現を導きましたが、同時に生命と機械の相違点を浮き彫りにする議論をも呼び起こしたと言えます（ちなみに、2章「生命のパターンを作る」では、晩年のチューリングが取り組んだ、生命の世界における自己組織的パターンの生成について述べます）。

マイケル・コンラッドという理論生物学者は、そうした生命システムの持つ「頑強性」に注目しました。生命システムはコンピュータのように高速計算もできないし、「間違った計算」も多いけれども、環境の変化に対して柔軟に適応し、自己の頑強性を維持できる能力こそが生命的な計算システムであるとしました[2]。

チューリング以降、DNA計算、分子計算、アナログ計算、量子計算、カタチの計算……といった多数の新しい計算のパラダイムが作られてきました。しかし、それらが結局チューリングの計算パラダイムに翻訳できてしまうのだとしたら、それは真に新しい計算の概念だとは言えないでしょう。

フォルト・トレラント（エラーを許容できる）ではないDNA計算は頑強ではないし、量子計算においては物理世界にはないビットを作らないといけない……というように、翻訳は難しいのです。だから、コンラッドは生命システムの特徴である頑強性の概念を持ち出して、チューリングの計算パラダイムを超えようとしたのです。

1.3.2 センサーから運動へのマッピング

生命は、自己の内と外の間で情報をやり取りし、エネルギーを出し入れします。

お腹が空いたら食べないと身体は維持できないし、食べるためには身体を動かしてエサを見つけなくてはなりません。エサを見つけるためには、視覚や嗅覚、触覚や聴覚に対応するセンサー（感覚器）に入ってくる情報から、エサとなる情報だけを取り出さないといけないのです。そうやって外界から受容した情報を元に、どこへどう動けばよいのかを判断します。

センサーからの情報をうまく精査して、身体の運動へとつなげてゆく――このセンサー情報からのパターン抽出や運動へのマッピングが、「感覚運動カップリング（sensorimotor coupling）」と呼ばれる、生命の行うベーシックな計算のひとつです。

こうしたセンサー情報からの情報の抽出を、「ディープラーニング（深層学習）（Deep Neural Network；DNN）」と呼ばれる階層型の神経ネットワークを使って行ってみたら、意外と効果的であることがわかりました。それで昨今は、DNNが大変盛り上がっています。

一方で、感覚運動カップリングに必要な計算をコンピュータのアルゴリズムで書いても、適応的にはなりません。カップリング自体はゆるくないといけないのに、ともすると、非常に窮屈なロープで縛られたようなものとなります。DNNは状況に応じて作り変えられないし、今はまだ計算量の問題でリアルタイムでは使えないという問題もあります。

　そもそも同じセンサー入力に対して、どう行動するかは、内的・外的なさまざまな
コンテキストによって変化するものです。生物学者のユクスキュルが言ったように、
ヤドカリにとってのイソギンチャクはお腹が空いてればエサだし、そうでなければ自
分の殻の装飾になります。

　そうした未知の状況をすべて、条件分岐で書くことには限界があります。状況に応
じて適応的に作り変えるためには、入力とは関係のない「内面」を作らないといけな
いのですが、その考え方は現在の DNN にはありません。

　DNN をはじめ、機械学習の多くは、大量のセンサー入力に対して線を引いてカテ
ゴリーに分けることを得意とします。適応的な計算にするためには、カテゴリー分け
ではなく、適応的な行動を可能にする内面の生成を行動原理とする必要があります。

　そのために、DNN に神経科学から派生した LSTM（Long Short-Term Memory；
長期短期記憶）などを取り込み、状況が一意的になるようにしようとしたりしていま
す。しかし、生物システムはそもそも、きっちりと固定化された内部のコンテキスト
を持っていると言い切れるものでもありません。

　ここで、あらためてコンラッドの生命的な計算という考えが必要となります。精密
にきちんとデザインして、自動車や飛行機のようなシステムを作るという、旧来型の
機械論・制御論ではなくて、もっと柔らかい、前もって作り込んでおかないようなシ
ステム設計が必要となるのです。何か、変な乱数のようなもの、そういう意識と呼ん
でもよいかもしれないものが必要になるでしょう。

　このようなことから本書は、生命の自己組織化のパターンからはじまり、個体が身
体性を獲得しながら形成され、群れを作り、個体が相互作用しながら進化して、意識
を獲得していくという、生命の辿ってきた旅を追跡する構成を取っているのです。

1.4　**サイバネティクスから人工生命へ**

　人工生命やコンピュータ科学の追究は、生物学的な意味での生命だけではなく、集
団や社会を一種の生命としてとらえる視座をも構築してきました。

　生命現象を客観的に、複数の構成要素からなるひとつの系（＝システム）としてと
らえ、その内外とのエネルギーや情報の流入出を論じるという見方は、1930 年代に
ルートヴィヒ・フォン・ベルタランフィの「一般システム理論」という概念で準備さ
れました [3]。

　のちに量子力学者のエルヴィン・シュレディンガーは、1944 年に『生命とは何か』
という本を書き、そのなかで生命システムは乱雑な状態にある（エントロピーの高い）

環境と相互作用しながらも、自己の内部のエントロピーは低く維持すると論じました。つまり、生命とは秩序を定常的に維持するものであるという定義が生まれたのです[4]。

そのすぐ後、1946 年から 1953 年まで、アメリカで開かれたメイシー会議という場で、数学者のノーバート・ウィーナーやジョン・フォン・ノイマンや、情報理論学者のクロード・シャノン、文化人類学者のマーガレット・ミード、グレゴリー・ベイトソン、心理学者のクルト・レヴィン、発明家のロス・アシュビーといった面々が集い、生命と情報の問題をシステム論的にとらえて議論する「サイバネティクス」という思考体系が用意されました。ウィーナーは、サイバネティクス概念を解説する本を、「動物と機械における制御と通信の理論」という副題をつけて 1948 年に出版しています[5]。

サイバネティクスとはもともと、ギリシャ語で「操舵手」のことを意味する「キベルネテス」からの造語で、19 世紀にはアンドレ＝マリ・アンペールが「社会の統治術」として記述した概念でした。ウィーナーのサイバネティクスの考え方は、複数の要素が構成するシステムの内外において、どのような情報の流通が起こっており、その結果として要素同士がどのように反応、変化するのかということを観察したり、設計しようとするシステム論的なアプローチです。

ウィーナーはそこにフィードバックという概念を導入しました。自動機械のようなシステムはただ自動的に作動していたら暴走したり壊れてしまうけれども、そこに動作を制限するようなネガティブ・フィードバックを受け取れるようにすることで、適切な状態を維持します。このシステムの特性は、「恒常性」（ホメオスタシス）と呼ばれ、生命が持つ重要な特性であることから、生命現象をシステム論にとらえようとする機運が高まりました。

メイシー会議に出席した面々は、同時期からそれぞれの分野で目覚ましい活躍を見せています。

シャノンは、情報の発信者と受信者からなる通信（コミュニケーション）をシステムとしてとらえた数学的な説明を行い、情報処理および通信を格段に発展させました。彼は情報の乱雑さをエントロピーの方程式で表し、情報の生成や伝達を確率論的に予測したり、暗号を復号する方法を確立しました。今日のインターネットにおけるデータ伝送は、世界のあらゆる存在を、ひとまず量的な情報に変換するシャノンの情報理論に大きく拠っているのです。

フォン・ノイマンは、前々節でも自己増殖オートマトンの研究について言及しましたが、それ以外にも多くの功績を残しています。現代のすべてのコンピュータの基本構造として、入出力デバイスと、記憶（メモリ）・制御装置・計算論理の 3 つのユニッ

トを持つシステムを設計しました。また、経済学者のオスカー・モルゲンシュテルンと一緒に、複数のエージェントが競争を行うモデルを数学的に記述し、現代の経済学の基礎となったゲーム理論を打ち立てます [6]。

他方で、ウィーナーは、フォン・ノイマンたちのゲーム理論をシステム論的な発展として賞賛しつつ、その理論が完全に合理的なエージェントを想定していることについては批判的なコメントを残しています。経済合理性が支配するマクロな市場については説明や予測ができたとしても、馬鹿な判断を下すのも人間であるし、エージェントという要素も市場のルールという環境も、変化するのが現実です。ウィーナーは、整然とした理論で物理世界という複雑なシステムを記述することの難しさに意識的であったと言えます。

このように、サイバネティクス的な眼差しは生命や人間の心理へも注がれました。ベイトソンは、メイシー会議で出会ったアシュビーが開発したホメオスタティックな機械に深く影響を受け、精神分析にサイバネティクスを持ち込み、「ダブルバインド」という心理状態を明らかにしました。例えば、親が子どもに対して「愛してる」という言葉を語りかけながらも冷たい表情を投げかける場合、子どもは矛盾にとらわれてしまい、その世界認識に影響をおよぼします。

これは、複数の階層での矛盾するメッセージが行動変容を来すということのシステム論的な説明であると同時に、現実世界のコミュニケーションが定量的な情報の移動よりもはるかに複雑な関係性のネットワークの中で生起していることを示しています。だから、ベイトソンは機械の情報ではなく、生命にとっての情報をとらえようとしていたと言えます。この考え方は、今も ALife を考えるうえで多くの示唆を与えてくれるものです。

サイバネティクスは、その後も発展を続けていきます。物理学者のハインツ・フォン・フェルスターは、人間をシステムを観察するシステムとして、生命や意識の持つ自己言及性に注目し、ラディカル構成主義という、一時点のスタティックな観察ではなく万物が共時的に構成されることを記述しようとする潮流を作り出します。

1970 年代にはチリの神経生理学者であるフランシスコ・ヴァレラとウンベルト・マトゥラーナが、生命の一義的な特徴とは自らの構成要素を自律的に産出できる構造であるとする「オートポイエーシス（Auto Poiesis）」理論を打ち出し、精神分析から社会学にまで大きな影響を与えました [7]。ヴァレラは、オートポイエーシスに基づくコンピュータシミュレーションのモデル（Substrate Catalyst Link：SCL、本書の 3 章で扱います）を研究しながら、自律性と意識の問題に傾倒し、社会システムや

心的システムにとっての自律性は何かということを問うようになります [8]。

　そして社会学者のニクラス・ルーマンは、オートポイエーシス理論を社会学に援用し、人間社会を構成するのは法、経済、芸術といった諸システムの内部において生成され続けるコミュニケーションであるという理論を構築しました。

　このように、生命や機械、自然現象をシステムとしてとらえて、その差異と相同を明らかにすることからはじまり、社会現象を把握する視点に至ったサイバネティクスのシステム論的思考は今日、HCI（Human Computer Interaction）や認知科学、哲学といった領域に継承されています。

　インタラクション研究では人間と機械をひとつの複合系として見なし、その内外における情報のフィードバックループ構造を「サイバネティック・ループ（Cybernetic Loop）」と呼びますが、そこでは合目的的なテクノロジーの発展のみならず、人間の持つ意識や認知といった無目的的で、生命的な構造の秘密が少しずつ解き明かされてもいます。

　ALife もまた、このようなサイバネティクスの流れの中で発展した「計算」、「システム」、「生命」といった概念を引き継ぎながら、生命とその環世界（生命システムの主観から立ち上がる世界の表象）という最も複雑な現象の理解を、構成的に行おうとするものだと言えます。

　近年は人工知能の発展によって知能の本質が構成的に解明されてきていますが、知能が生命のサブセットであるとすれば、人工生命の探求を通しては生命と結合した知性の形が見えてくるでしょう。

参考文献

[1] von Neumann, John., The Theory of Self-reproducing Automata, A. Burks, ed., Univ. of Illinois Press, Urbana, 1966.
邦訳『自己増殖オートマトンの理論』J・フォン・ノイマン著／A・W・バークス編／高橋秀俊監訳／岩波書店（1975 年）

[2] Conrad, M., The price of programmability, 1988. In: Herken, R. ed., The Universal Turing Machine: a Half-Century Survey, Kammerer and Unverzagt, Hamburg, p. 285-307.

[3] Bertalanffy, L. von., Untersuchungen über die Gesetzlichkeit des Wachstums. I. Allgemeine Grundlagen der Theorie; mathematische und physiologische Gesetzlichkeiten des Wachstums bei Wassertieren. Arch. Entwicklungsmech., 1934.
Bertalanffy, L. von., General System Theory; Foundations, Development, Applications, George Braziller, New York, 1969.
邦訳『一般システム理論 その基礎・発展・応用』ルトヴィヒ・フォン・ベルタランフィ著／長野敬、太田邦昌訳／みすず書房（1973 年）

[4] Schrödinger, Erwin., What is Life? The Physical Aspect of the Living Cell, University Press, Cambridge, 1944.
邦訳『生命とは何か 物理学者のみた生細胞』シュレーディンガー著／岡小天、鎮目恭夫訳／岩波新書（1951 年）、岩波文庫（2008 年）

[5] Wiener, Norbert., Cybernetics: Or Control and Communication in the Animal and the Machine, (Hermann & Cie) & Camb, Paris, 1948. 2nd revised ed., MIT Press, Mass,1961.
邦訳『サイバネティックス 第 2 版―動物と機械における制御と通信』ノーバート・ウィーナー著／池原止戈夫、弥永昌吉、室賀三郎、戸田巌訳／岩波書店（1962 年）、岩波文庫（2011 年）

[6] von Neumann, John. and Morgenstern, Oskar., The Theory of Games and Economic Behavior, Princeton University Press, Princeton, 1944.
邦訳『ゲーム理論と経済行動：刊行 60 周年記念版』ジョン・フォン・ノイマン、オスカー・モルゲンシュテルン著／武藤滋夫訳／勁草書房（2014 年）『ゲームの理論と経済行動』全 3 巻／銀林浩、橋本和美、宮本敏雄、阿部修一訳／ちくま学芸

文庫（2009 年）

[7]Varela, Francisco J.; Maturana, Humberto R.; Uribe, R., Autopoiesis: the organization of living systems, its characterization and a model, Biosystems, vol5, p.187-196. one of the original papers on the concept of autopoiesis, 1974.
邦訳『オートポイエーシス―生命システムとは何か』H・R・マトゥラーナ、F・J・ヴァレラ著／河本英夫訳／国文社（1991 年）

[8]Luhman, Niklas., Soziale Systeme: Grundriß einer allgemeinen Theorie, Suhrkamp, Frankfurt, 1984. English version., Social Systems, Stanford University Press, Stanford, 1995.
邦訳『社会システム理論』上・下／ニクラス・ルーマン著／佐藤勉監訳／恒星社厚生閣（2007 年）

2章
生命のパターンを作る

　実世界の生命は、実に多様なパターンをその表面や内面に織りなしながら作動していますが、それは綿密な全体の設計図を作らなくても構造が時間とともに成長して、整合性が生み出されるという「自己組織化」の動きにそっています。

　この章では、「自己組織化」のキーワードに注目しながら、生命現象が作り出すさまざまなパターンをどのような論理によって記述できるのかということを、反応拡散系のシミュレーションやセルラー・オートマトン、そしてライフゲームといったプログラム上のコードを動かしながら見ていき、最後に実世界における自己組織化の計算可能性について紹介します。

2.1　自己組織化する自然界のパターン

　自然界は、誰かがデザインしたわけでもなく出現した、美しいパターンで満ちています。

　例えば、ひび割れや雲や渦巻き、都市における渋滞やインターネットのデータの流れなどに見られるパターン（図2-1）は一見、生命と非生命現象をつなぐ「有機的なパターン」を形成します。

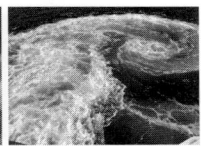

図 2-1　自然界のパターン
図左より）Fissures BY thephotographymuse (CC:BY-SA 2.0) https://www.flickr.com/photos/marcygallery/2535052057/　Clouds BY Daniel Spiess (CC:BY-SA 2.0) https://www.flickr.com/photos/deegephotos/3714844027/　Spiral Wake BY Andrew E. Larsen (CC:BY-SA 2.0) https://www.flickr.com/photos/papalars/987545947/in/album-72157594554255900/

　自然界のさまざまな例は、パターンを作り出す構成要素にはあまり依存しない、普遍的なパターンと構造が生まれることを示しています。要素自体の変化がなくても、要素同士の非線形な相互作用があればパターンが生まれる、ということです。これは非線形物理学という分野で研究されてきたことです。他方で、要素が変化しながらパターンが生まれる場合もあります。

　要素が変化しない場合は、人間による操作の対象として扱いやすくなります。自然界で見られるパターンを作り出す簡単な方法を、人間はファッションや建築、あるいは日用品のデザインとして取り込んできました。例えば建築においては、複雑な構造を作るためには完成形を示す設計図、いわば完成図面を基にして組み立てます。

　一般社会では、完成形がわからないものを建てはじめるわけにはいきませんよね。しかし、自然界では建築の場合のような完成図面があるわけでなく、「自発的な組織化」が起こり、構造が時間とともに成長します。

　このように完成図面なしでも構造ができることを「自己組織化」と呼びます。自己組織化するものとしては生き物だけでなく、台風、金平糖、雪の結晶、カルマン渦列など、いろいろな自然現象が存在しますが、この自己組織化という原理はあらゆる生命の成立を支えている特徴のひとつです。ALife の研究においても、自己組織化が核にあります。

　しかし、悩ましいことに、生物システムでは要素も変化するのです。例えば、遺伝子情報の読み出し、細胞の分化や発達の過程、脳の記憶といったものの根底には、化学反応が関係していることがわかっています。

　例えば、エンゼルフィッシュであれば、64 個の細胞が 100 万回分裂した末に、原腸陥入（体の基本構造を作る胚発生の初期に見られる細胞の運動）を起こし、細部分化して目や尻尾ができてきています。これは、目や尻尾といった細胞の種類が遺伝子の発現パターンの違いであるとすると、そのパターンが分裂回数が進む前と後では異なるということです。

　このようにひとつの「個体」ができあがる発生過程は特殊で、結晶や単なる魚や貝殻の表皮のパターンには見られないものでしょう。ひとつの個体が生じるためには、ミクロなものがマクロなものを作り、それがミクロの行動を変化させることが必要なのです。

　生命の発生過程でのわかりやすい自己組織化パターンの例としては、ヘビの表皮、チョウの羽のパターン、熱帯魚のストライプなど（図 2-2）、多様な現象が化学反応によって作られています。

図2-2 生命の模様
図左より) Pomacanthus imperator BY Jordi Pay (CC:BY-ND 2.0) https://www.flickr.com/photos/arg0s/
14162350619/ Peacock Butterfly BY Tony Hisgett (CC:BY 2.0) https://www.flickr.com/photos/
hisgett/7822792836/ Lacertae skin BY Gruzd (CC:BY-SA 3.0) https://commons.wikimedia.org/

　こうした自己組織的な生命のパターンの根底にあるのは、同じ要素が少しずつ変化しながら「複製」を繰り返す、自己複製的現象だと言えます。自己複製については3章で詳しく見ていきます。

2.2　生成パターンモデル

2.2.1　チューリングパターン

　一番最初に、自然界に存在するさまざまなパターンを「化学反応と拡散過程」という自己組織的なロジックで作れることを示したのは、アラン・チューリングです。

　前述した通り、チューリングは「チューリングマシン」という、今日のコンピュータの基礎となる概念を発明しましたが、晩年は生命の問題にも強い関心を持ちました。その著名な研究が、生命の世界でさまざまなパターンが自己組織的に作り出される仕組みを解いた「チューリングパターン」の研究です。

　チューリングは1952年に「The Chemical Basis of Morphogenesis」（日本語に訳すると「形態生成の化学的原理」）という、生物がどのようにしてその形態を作るのかということを数学的に解く論文を発表しました[9]。この論文では、興奮と抑制の相互作用によってパターンが生成される仮想物質「モルフォゲン」の従う方程式を使いながら、生物の形態生成の秘密を明らかにしました。

　惜しくも彼は40代半ばの若さで亡くなってしまいましたが、この数理化の手法は今日まで受け継がれます。このモルフォゲンの方程式のことを今では「反応拡散系（reaction-diffusion system）」と呼びます。

　今日、チューリングパターンで、自然界に存在するさまざまなパターンを作り出せることが数々の研究によって示されています。興奮・抑制系の化学反応の波が空間の中を伝わり、それが自壊する時に興味深いパターンが出現します。その過程は、ある

空間内に化学物質が一様に分布すると状態は不安定化し、自発的にいろいろなパターンが生み出されるというものです。例えば、イモガイの縞々、熱帯魚のストライプ、ハエの幼虫（ウジ）の縞模様、などがそのよい例です。

　一様に化学物質が分布した状態が不安定になるという、この不安定性のおかげで、パターンや構造が化学反応の中で自己組織化します。この不安定さが作るパターンこそ、「生命的な計算」と呼ぶことができるものです。

2.2.2 Gray-Scott モデル

　ここでは、化学反応によって、要素を変化させる万能な反応拡散系モデルのひとつである「Gray-Scott モデル」を通して、実際にどのようなパターンが作られるかを見ていきましょう。

　Gray-Scott モデルも、チューリングパターンの不安定性を示します。もともとのチューリングパターンは実は非線形ではなくて、区分線形と言われる方程式です。しかし、大雑把に空間の非一様なパターンを作り出す、という意味では同じクラスに属しています。

　さあ、それではまずはともあれ、反応拡散系のパターンを作る Gray-Scott モデルのプログラムを Python で走らせてみましょう。

サンプルプログラムの実行方法

サンプルプログラムは、GitHubリポジトリのchap02ディレクトリにあります。移動して実行してください。
$ cd chap02
$ python gray_scott.py

実行して、次のようなパターンが描かれれば成功です。

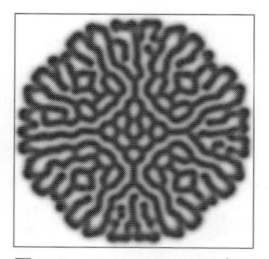

図 2-3　Gray-Scott モデルのパターン

● Gray-Scott モデルの仕組み

Gray-Scott モデルは、その名の示す通り、化学者のグレイとスコットが 1983 年に発表した論文で明らかにしたものです [10]。

これは、2 つの物質 U と V の濃度を表す変数である u と v の変化を記述したモデルです。「反応」と「拡散」の名前の通り、物質 U と V は互いに「反応」し、媒体を通って「拡散」します。その結果、U と V の濃度は時間とともに空間的に変化し、濃度の濃淡によりさまざまなパターンを描きます。

それでは、まず反応について見ていきましょう。反応の概念図を図 2-4 に示します。

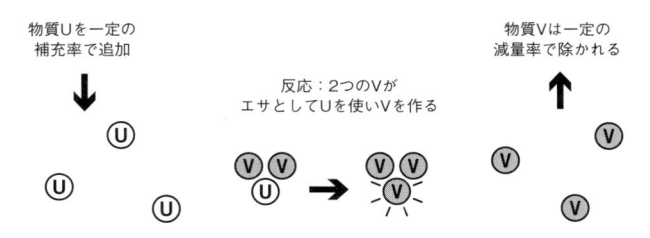

図 2-4　Gray-Scott モデルの反応概念図
「Reaction-Diffusion Tutorial」(http://www.karlsims.com/rd.html) を参考に作成

図に示してあるように、物質 U が一定の補充率(feed rate)で追加されます。そして、物質 V が 2 つあると、U を V に変換します。まるで、V が U をエサのようにして V を作り出します。

これら 2 つの反応だけでは V が増える一方になってしまうので、一定の減量率(kill rate)で、V もなくなるようにします。この反応は、次のような式で書くことができます。このルールを決めるという考え方は、本章で後述する「ライフゲーム」とも似た考え方です。

$$U + 2V \rightarrow 3V$$
$$V \rightarrow P$$

V は U と反応することで、自分自身を生産する触媒として作用します。そして V は、一定の割合(kill rate)で P になります。P は「不活性生成物」と呼ばれ、P になるとそれ以上反応は起こらず、変化をしない物質を指します。

図 2-5 に示すのは、拡散の概念図です。

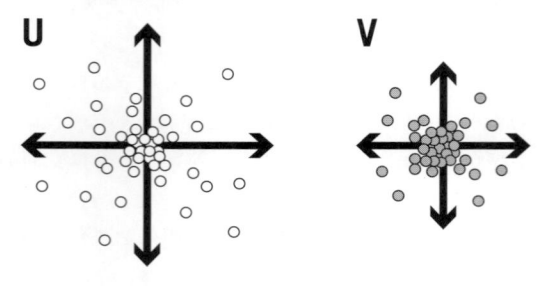

拡散：UとVの拡散係数は大きく異なっている
抑制的であるUは興奮系であるVよりもすばやく拡散する

図 2-5 Gray-Scott モデルの拡散概念図
「Reaction-Diffusion Tutorial」(http://www.karlsims.com/rd.html) を参考に作成

　物質UとVは各場所で、濃度に応じ、空間全体に拡散します。この時、UとVは
それぞれ異なった速さで拡散します。

　反応と拡散、2つの反応を表す Gray-Scott モデルの全体的な振る舞いは、図 2-6 に
示すような2つの物質UとVの濃度の変化を表す式で表されます。

　上で述べたように、ここでは物質Uの濃度は u、物質Vの濃度は v で表します。
数学に慣れていない人はいきなり複雑な式が出てきてビックリしているかもしれませ
んが、順を追って解説していくので頑張って読み進めてください。後ほど書いたプロ
グラムとの答え合わせをするので、ここですべてを理解しなくても大丈夫です。

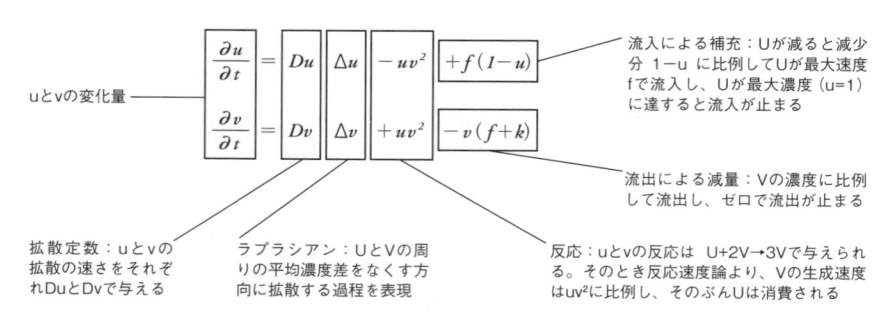

uとvの変化量 ——

$$\frac{\partial u}{\partial t} = Du \quad \Delta u \quad - uv^2 \quad + f(1-u)$$

$$\frac{\partial v}{\partial t} = Dv \quad \Delta v \quad + uv^2 \quad - v(f+k)$$

流入による補充：Uが減ると減少
分 1−u に比例してUが最大速度
fで流入し、Uが最大濃度（u=1）
に達すると流入が止まる

流出による減量：Vの濃度に比例
して流出し、ゼロで流出が止まる

拡散定数：uとvの
拡散の速さをそれぞ
れDuとDvで与える

ラプラシアン：UとVの周
りの平均濃度差をなくす方
向に拡散する過程を表現

反応：uとvの反応は U+2V→3V で与えられ
る。そのとき反応速度論より、Vの生成速度
はuv²に比例し、そのぶんUは消費される

図 2-6 Gray-Scott モデルの反応拡散方程式
「Reaction-Diffusion Tutorial」(http://www.karlsims.com/rd.html) を参考に作成

　それぞれの式は、位置の関数であるUとVの濃度 u と v が、時間とともにどれぐ
らい増減するかを示しています。上の式が u、下の式が v です。それぞれの式は3

つの項から成り立っていて、第 1 項は「拡散」(diffusion)、第 2 項は「反応」(reaction)、第 3 項は「流入」(inflow) あるいは「流出」(outflow) を表しています。

「拡散」の項、$Du \Delta u$ ($Dv \Delta v$) は、定数（あらかじめ決まっていてシミュレーションを通して変化しない値）である Du (Dv) に比例して、u あるいは v がどのくらい増加するかを示します。ここでいう拡散とは、例えば煙が空間の中に広がっていく物理現象のことです。拡散は、濃度や密度の分布を一様に保つ効果を持ちます。近傍で u（あるいは v）の濃度が高いほど増加し、反対に近傍の濃度が低いと減少します。

式の 2 番目の項、uv^2 は、「反応」速度を表しています。さきほど見た「U + 2V →3V」というルールの反応が、uv^2 の速度で起こることを示しています。第 1 式では、$-uv^2$ となっていて、第 2 式では、$+uv^2$ であることから、U が V に変化したことによる v の増加量は、当然、u の減少量に等しくなることがわかります。

式の 3 番目の項は、補充 (feed) あるいは減量 (kill) を表します。第 1 式の第 3 項 $f(1-u)$ は、補充項です。反応で、U を使って V を生成するので、補充する方法がないと最終的にすべての U が使いはたされてしまうことになります。補充される量は、1 から現在の濃度を引いた量に比例して、u が増加します。

この比例定数が f です。この補充量は、濃度 u が 0（物質 U がまったくない）状態で最大値をとり、u が 1 に近づくにつれて 0 になっていきます。つまり、U は、その濃度が低い時は外部から大量に供給され、反応で失われなければ、常に濃度 1 に近づいていくことを表しています。実際の生物では、この補充項は、例えば、血流から必要な化学物質を連続的に生成されているような状況と考えることができます。

一方、第 2 式の第 3 項は、$-v(f+k)$ となっています。これは、第 1 式とは反対に、減量項です。この減量項がないと、V は無制限に増加する可能性があります。現在の濃度 v と、f と k の合計に比例して減少します。この減量項は、先のルールの「V → P」を表しています。

まとめると、物質 U は、外からある量 $f(1-u)$ の量が常に入ってきます。反対に物質 V は、ある量 $v(f+k)$ が、常に外に流れ出ていってしまいます。そして、物質 U と V は、化学反応（uv^2）します。この化学反応の量だけ、U の量は減り、反対に V は量を増やします。そして、拡散過程によって、U と V が空間に拡散していきます。U と V それぞれの拡散の強さを表す定数が拡散係数 Du と Dv です。

パターン形成で大切なのは、図 2-5 の通り U の拡散の速さを V の拡散の速さより早く設定することです（Du > Dv）。そうすることで、U は速く拡散し、V はゆっくり拡散します。

　さて、パターンが形成される時に何が起こっているのかを簡単に眺めてみましょう。まず、初期状態では空間全体に高い U の濃度と、低い V の濃度を設定します。もしも U と V がまったく反応しない無関係な物質だとすれば、U は供給され続け V は排出され続けるので、ひとつの定常状態として自然な設定だと考えられます。ここに、パターンの「種」になるような、比較的低い U の濃度と高い V の濃度の領域があるとどうなるでしょうか？（この種は初期状態として設定するともできますし、外部からのノイズでたまたまそういう領域が生まれたとも考えられます。）

　そこには V が存在し、反応式 $U + 2V \rightarrow 3V$ によって U が V に変化していくために、U はさらに減少し、V はさらに増加していきます。同時に、拡散の効果によって U は周囲から流れ込み、V は周囲に流れ出していくため、周囲との濃度の差はなめらかになり、この領域はどんどん周りに広がっていくように見えます。しかし、U は濃度が低くなればなるほど、外部から供給され、V は排出されていきます。この状態で一定領域の U と V の濃度の安定が保たれれば、そこに周囲と濃度の異なる濃淡のパターンが形成されます。また、パラメータによっては安定状態にはならずに、濃淡の波が「反応波」として空間全体に伝わっていくというわけです。

● Gray-Scott モデルの実装

　さあ、Gray-Scott モデルの全体像が見えたところで、プログラム chap02/gray_scott.py がどのようにパターンを描いているのかを詳しく見ていきましょう。先ほど実行した gray_scott.py をテキストエディタ等で開いてください。

　まずは必要なパッケージをインポートしてから、結果を可視化するための Visualizer のセットアップを行います。

```python
import sys, os
sys.path.append(os.pardir)
import numpy as np
from alifebook_lib.visualizers import MatrixVisualizer

# visualizer の初期化 ( 付録参照 )
visualizer = MatrixVisualizer()
```

　MatrixVisualizer は結果を可視化するためのクラスで、本書のサンプルコード内の alifebook_lib パッケージの中に用意してあります。MatrixVisualizer の使い方の詳細は、巻末の付録を参照してください。

そして、シミュレーションを行う空間のサイズと各種パラメータを設定します。

```
SPACE_GRID_SIZE = 256
dx = 0.01
dt = 1
VISUALIZATION_STEP = 8  # 何ステップごとに画面を更新するか
```

SPACE_GRID_SIZE は、シミュレーション空間の縦および横のグリッド数です。

U や V の濃度は、二次元空間に連続的に分布していると考えられます。しかし、これをコンピュータでシミュレートするには、空間を仮想的なグリッドで区切り、各点ごとの U と V の現在の濃度を変数に保持しておきます（離散化）。そして、その値に応じて各点の反応や拡散の結果を計算してアップデートするというステップを繰り返すのが、反応拡散系のシミュレーションの手順になるのです。

dx は、空間のグリッド 1 目盛りあたりのモデル内の長さを表します。つまり、dx × SPACE_GRID_SIZE がモデル空間の 1 辺の長さということになります。SPACE_GRID_SIZE が固定された値だと考えれば、dx が大きいと「大きな空間を荒くシミュレーションする」、小さいと「小さな空間を細かくシミュレーションする」ということになります。

同じように、dt はシミュレーション 1 ステップごとのモデル内での時間の変化量を表します。シミュレーションの 1 ステップにかかる計算時間は dt の値にはよらないので、dt を大きくすれば、シミュレーションはどんどん進みますが、時間に関して荒く誤差の多い結果になってしまいます。一方、小さい dt ではより正確な結果を得られるものの、シミュレーションにかかる時間は長くなります。

ここでは、dx を 0.01、dt を 1 に設定しています。もしもこのようなシミュレーションになじみがない場合は、これらを変化させた時に何が起こるかも実験してみましょう。VISUALIZATION_STEP は、アニメーションを何ステップごとに描画するかを決めています。描画処理は一般的に時間がかかることが多く、多くのシミュレーションは連続的に進むため、シミュレーションの毎ステップごとに描画を行わなくてもよいのです。もちろん、詳細をじっくり見たい場合は、この値を小さくしてみましょう。

次に、Gray-Scott モデルのパラメータを設定します。

```
Du = 2e-5
Dv = 1e-5
```

```
f, k = 0.022, 0.051 # stripe
# f, k = 0.04, 0.06   # amorphous
# f, k = 0.035, 0.065  # spots
# f, k = 0.012, 0.05  # wandering bubbles
# f, k = 0.025, 0.05  # waves
```

　Du と Dv は、u と v の拡散係数で、どのくらいの速さで u と v が拡散するかを表します。そして、補充と減量に関わる f（feed）と k（kill）を変えると、さまざまに異なる振る舞いが現れます。サンプルプログラムには、代表的な5つのパラメータ設定をコメントアウトの形で記入してありますので、まずは好みのものをコメントアウトしたり、自分なりの値を入れて実行してみてください。

　次に、U と V の空間中の各点での濃度を表す変数である u と v を用意します。

```
# 初期化
u = np.ones((SPACE_GRID_SIZE, SPACE_GRID_SIZE))
v = np.zeros((SPACE_GRID_SIZE, SPACE_GRID_SIZE))
# 中央に SQUARE_SIZE 四方の正方形を置く
SQUARE_SIZE = 20
u[SPACE_GRID_SIZE//2-SQUARE_SIZE//2:SPACE_GRID_SIZE//2+SQUARE_SIZE//2,
  SPACE_GRID_SIZE//2-SQUARE_SIZE//2:SPACE_GRID_SIZE//2+SQUARE_SIZE//2] = 0.5
v[SPACE_GRID_SIZE//2-SQUARE_SIZE//2:SPACE_GRID_SIZE//2+SQUARE_SIZE//2,
  SPACE_GRID_SIZE//2-SQUARE_SIZE//2:SPACE_GRID_SIZE//2+SQUARE_SIZE//2] = 0.25
```

　濃度は、どちらの物質も0から1の範囲の値をとることとしましょう。上で述べたように、空間は SPACE_GRID_SIZE × SPACE_GRID_SIZE の正方形に区切ってシミュレーションを行うため、二次元配列を用意します。u は、空間全体にわたって1で満たすために、NumPy の ones 関数（np.ones）を利用しています。同様に、NumPy の zeros 関数（np.zeros）で、要素がすべて0の行列 v も用意します。

　さらに、u、v の空間の中央に初期パターンを配置します。初期パターンとして、ここでは u = 0.5, v = 0.25 の SQURE_SIZE × SQURE_SIZE の正方形の領域を作ります。

　次に、NumPy の random 関数（np.random.rand()）を使って、少しノイズを加え、対象性を崩します。ノイズを加え、対称性を崩すことで、パターンも非対称となり、さまざまな初期状態を作ることができます。ノイズを加えないと、パターンも対称となり毎回同じパターンしか作られません。

```
# 対称性を壊すために、少しノイズを入れる
u += np.random.rand(SPACE_GRID_SIZE, SPACE_GRID_SIZE)*0.1
v += np.random.rand(SPACE_GRID_SIZE, SPACE_GRID_SIZE)*0.1
```

これで初期化が完了です。試しにこの後に

```
while visualizer:
    visualizer.update(u)
```

と入力して実行してみてください。

以下のように初期化のパターンを表示してみることができます。（ここまでを実装したものは、サンプルプログラムの chap02/gray_scott_init.py に用意してあります。）

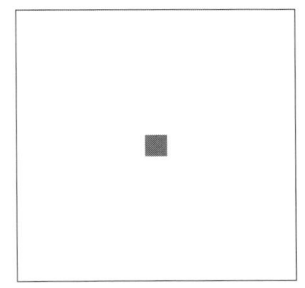

図 2-7　状態の初期設定

これで、初期化は完了です。

次に、このプログラムの核心である、U と V の濃度の増減を計算しアップデートする部分を見ていきましょう。これは while 文の中でステップごとに実行し、Visualizer で表示します。

```
for i in range(VISUALIZATION_STEP):
    # ラプラシアンの計算
    laplacian_u = (np.roll(u, 1, axis=0) + np.roll(u, -1, axis=0) +
                   np.roll(u, 1, axis=1) + np.roll(u, -1, axis=1) - 4*u) / (dx*dx)
    laplacian_v = (np.roll(v, 1, axis=0) + np.roll(v, -1, axis=0) +
                   np.roll(v, 1, axis=1) + np.roll(v, -1, axis=1) - 4*v) / (dx*dx)
    # Gray-Scott モデル方程式
    dudt = Du*laplacian_u - u*v*v + f*(1.0-u)
    dvdt = Dv*laplacian_v + u*v*v - (f+k)*v
    u += dt * dudt
```

```
        v += dt * dvdt
    # 表示をアップデート
    visualizer.update(u)
```

　この部分で、グリッドの各点でどのように U と V が拡散し、どのように反応するのかを計算していきます。大きな処理の流れは、

1）u と v それぞれの拡散の計算
2）u と v の反応の計算

の 2 段階です。それぞれ詳しく見ていきましょう。

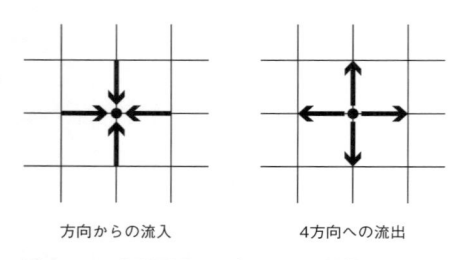

方向からの流入　　　　　4方向への流出

図 2-8　二次元平面の 1 点における拡散

　まずは、拡散の計算です。ここでは二次元平面における拡散を考えます。
　二次元のグリッド上のある 1 点に注目し、そこに流れ込む量と、同じ場所から流れ出る量を見ていきます。実際の煙の拡散をイメージするならば、煙は 360 度方向に広がりますし、隣だけでなく、さらに遠くの点にも薄っすらですが拡散していくでしょう。しかし、ここでは簡略化のために 4 方向のみに絞って考えていきます。
　まずは、各点から上下左右に流れ出します。そして、同じように周辺の 4 方向から流れ込んできます。
　拡散は、それぞれの 1 点における 4 方向からの流れ込みを足し算した後に、4 方向へ流れ出す量を引き算することで計算することができます。
　この部分だけを Python のコンソールを使って実験してみましょう。

```
>>> import numpy as np
>>> u = np.arange(16).reshape(4,4)
```

```
>>> u
array([[ 0, 1, 2, 3],
       [ 4, 5, 6, 7],
       [ 8, 9, 10, 11],
       [12, 13, 14, 15]])
>>> np.roll(u, 1, axis = 0) + np.roll(u, -1, axis=0) + np.roll(u, 1, axis=1) +
np.roll(u, -1, axis=1) - 4*u
array([[ 20,  16,  16,  12],
       [  4,   0,   0,  -4],
       [  4,   0,   0,  -4],
       [-12, -16, -16, -20]])
```

まず、np.arange 関数を使って、0 から 15 までの値の入った配列 u を作ります。

その後に、「4 方向からの流れ込む量の足し算」と「4 方向へ流れ出す量」の引き算を、それぞれの要素に対して行います。結果の配列のそれぞれの要素の値を見てみると、確かに左右上下の値を足して、自分自身を 4 倍した値を引いた数値になっていますね。

例えば、行列 u の 2 行目 2 列目の値 5 の左右上下の値は、4、6、1、9 で、これを足し合わせると、4 + 6 + 1 + 9 = 20 です。ここから、自身の値 5 を 4 倍した 20 を引くと 0 となり、出力の 2 行目 2 列目の値 0 と一致します。

ここで使っている np.roll 関数は、配列の要素を回転させる関数です。引数 axis によって、回転させる軸の方向を選びます。

最初の np.roll(u,1, axis = 0) は、行方向に行列全体をひとつ下にずらします。下にひとつ回転することで、ひとつ上の要素を自分の位置に持ってきます。

```
>>> np.roll(u, 1, axis = 0)
array([[12, 13, 14, 15],
       [ 0, 1, 2, 3],
       [ 4, 5, 6, 7],
       [ 8, 9, 10, 11]])
```

同様に、np.roll(u, -1, axis=0) は、行方向に行列全体をひとつ上に回転します。上に 1 回転することで、ひとつ下の要素を自分の位置に持ってきます。

```
>>> np.roll(u, -1, axis = 0)
array([[ 4, 5, 6, 7],
       [ 8, 9, 10, 11],
       [12, 13, 14, 15],
       [ 0, 1, 2, 3]])
```

一方、np.roll(u, 1, axis = 1) は、列方向に（右に）ひとつ回転します。これで左の要素にアクセスします。

```
>>> np.roll(u, 1, axis = 1)
array([[ 3, 0, 1, 2],
       [ 7, 4, 5, 6],
       [11, 8, 9, 10],
       [15, 12, 13, 14]])
```

同様に、np.roll(u, -1, axis = 1) は、左にひとつ回転します。これで右の要素にアクセスします。

```
>>> np.roll(u, -1, axis = 1)
array([[ 1, 2, 3, 0],
       [ 5, 6, 7, 4],
       [ 9, 10, 11, 8],
       [13, 14, 15, 12]])
```

このように、np.roll() 関数を使うことで4方向の情報を配列すべての要素について効率よく同時にアクセスし、足し合わせることができました。そして、最後に4 * u を引くことで、4方向に流れ出す量を引き算してあげています。ここで流れ出した量は、当然上下左右の点に流れ込む量と等しくなります。空間全体の量が保存されていることに注目してください。

このような拡散の計算式を、ラプラシアン（laplacian）と呼びます。update 関数の中でも、u と v のラプラシアンを計算しています。ここで流れ出した量は、当然上下左右の点に流れ込む量と等しくなります。空間全体の量が保存されていることに注目してください。

```
# ラプラシアンの計算
laplacian_u = (np.roll(u, 1, axis=0) + np.roll(u, -1, axis=0) +
               np.roll(u, 1, axis=1) + np.roll(u, -1, axis=1) - 4*u) / (dx*dx)
laplacian_v = (np.roll(v, 1, axis=0) + np.roll(v, -1, axis=0) +
               np.roll(v, 1, axis=1) + np.roll(v, -1, axis=1) - 4*v) / (dx*dx)
```

ラプラシアンの計算式の最後に、dx * dx で割っています。これはなぜでしょうか？ dx は空間の変化の大きさ、あるいは格子間の距離とも言えます。そうすると、隣

接する格子からの粒子の流入の総和は、dx * dx となります。dx * dx で割ることで、粒子が拡散するときにランダムに動き回り拡散する単位時間あたりの距離を表現することができるのです。

　拡散の効果を理解するために、拡散の効果のみで可視化してみましょう。

```
while visualizer:  # visualizer はウィンドウが閉じられると False を返す
    for i in range(VISUALIZATION_STEP):
        # ラプラシアンの計算
        laplacian_u = (np.roll(u, 1, axis=0) + np.roll(u, -1, axis=0) +
                       np.roll(u, 1, axis=1) + np.roll(u, -1, axis=1) - 4*u) / (dx*dx)
        laplacian_v = (np.roll(v, 1, axis=0) + np.roll(v, -1, axis=0) +
                       np.roll(v, 1, axis=1) + np.roll(v, -1, axis=1) - 4*v) / (dx*dx)
        # u と v の変化量
        dudt = Du*laplacian_u
        dvdt = Dv*laplacian_v
        u += dt * dudt
        v += dt * dvdt
    # 表示をアップデート
    visualizer.update(u)
```

　dudt と dvdt とは、それぞれ u 濃度の変化量と v 濃度の変化量を表しています。u と v の拡散効果は、ラプラシアンに拡散係数（それぞれ Du と Dv）を掛けた値です。これはそれぞれ、Grey-Scott モデルから反応と、補充と減量の項を除いたものになります。拡散係数によって、拡散する量がコントロールされる仕組みになっています。

　ここまでを実装したものを chap02/gray_scott_diffusion.py ファイルに用意しましたので、実行してみましょう。u の分布が初期状態からどんどん拡散していき、最後には雲散霧消してしまう様子が見えます（図 2-9）。

図 2-9　拡散の様子

　それでは、最後に、この拡散効果に、化学反応を加えていきましょう。先ほどの拡散だけを記述したコードに、以下のように反応と流入・流出に関する部分を追加します。

```
# Gray-Scott モデル方程式
dudt = Du*laplacian_u - u*v*v + f*(1.0-u)
dvdt = Dv*laplacian_v + u*v*v - (f+k)*v
```

　上記の Python コードは、それぞれに、

・濃度uの変化量＝uの拡散効果－uとvの反応＋外から入ってくる量u
・濃度vの変化量＝vの拡散効果＋uとvの反応－外へ出て行く量v

を表しています。

　uとvの反応は、Gray-Scott モデルの式から、u * v * v となります。外から入ってくる量は、f*(1.0 − u) です。f の値が小さいと外からたくさん入ってきて、反対に大きいと、外からは少ししか入ってきません。また、外に出ていく v の量は (f+k)*v です。反応の式は、たったこれだけです。

　これで Gray-Scott モデルの計算は終わりです。変化した u 濃度を Visualizer にセットして描画すると、本章の最初に見た図 2-3 のようなパターンが現れる、というわけです。

2.2.3　さまざまなパターン

　このパターン生成プログラムのパラメータをいろいろと変化させて、実際の生物のいろいろな模様を作ってみましょう。

　このプログラムのダイナミクスを決定しているのは、外から入って来たり、外へ出ていく量を決めるパラメータ「f」と「k」です。この 2 つの係数を変えるとさまざまなパターンを作ることができます。例えば、f = 0.025、k = 0.05 と設定することで、波のようなパターンが作られます。このように、f と k の値を変えるとさまざまな振る舞いが見られます。

　それでは、熱帯魚のようなストライプのパターンを作るには、f と k の値をいくつに設定すればよいでしょうか？

　f と k のパラメータは、それぞれ 0 から 1 まで変化させることができるので、すべての場合をひとつずつ手で確かめるのは大変です。そこで、f と k のパラメータ空間

にどのような特徴的な振る舞いの集合が埋まっているのか、実際にシミュレーションして、目で見て確かめる有効な方法があります。それは、これまで固定だった f と k の値を空間の各点ごとに連続的に変化させたうえで同様にシミュレーションを行うことです。

図 2-10 は、f の値を空間の左から右に 0.01 から 0.05 まで、k の値を上から下に 0.05 から 0.07 まで連続的に変化させ、空間各点ごとの 2 つの値を使って方程式をシミュレートし、その時の空間パターンを描画したものです。これによって、図の左上には f=0.01, k=0.05 での結果のパターンが現れ、右下には f=0.05, k=0.07 のパターンが現れます。ひと目でパラメータ空間内にどの様なパターンが存在するかわかるようになるというわけです。

この図からは、中央の三日月状の空間上には複雑なパターンが境界を形成していて、その境界の内側と外側は、一様でパターンのない領域で埋めつくされているのがわかります [11]。

この図を作成するプログラムは chap02/gray_scott_param.py ですので、ぜひコードを実行して挙動を確かめてみてください。

サンプルプログラムの実行方法

サンプルプログラムは、GitHubリポジトリのchap02ディレクトリにあります。
移動して実行してください。

```
$ cd chap02
$ python gray_scott_param.py
```

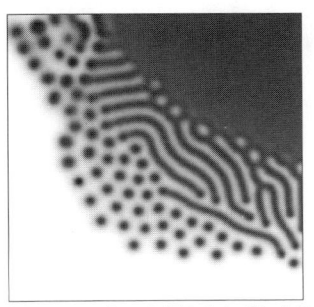

図 2-10　f と k の組み合わせによる
さまざまなパターン（横軸が f、縦軸が k）

●ストライプ

それでは、図 2-10 を頼りに、chap02/gray_scott.py ファイルにある f と k の値を変えて、熱帯魚のようなストライプのパターンを作るパラメータを設定してみます。例えば、ストライプのパターンが作れそうな f=0.022,k=0.051 と設定してシミュレーションしてみましょう。

```
$ python gray_scott.py
# stripe
f, k = 0.022, 0.051
```

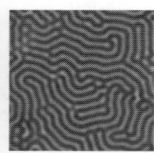

図2-11　stripe: f = 0.022, k = 0.051

●スポット

次は、トカゲの模様にあるようなスポットパターンを作ってみましょう。

```
#spot
f, k = 0.035, 0.065
```

図2-12　spots: f=0.035, k = 0.065
Whitespotted puffer BY Albert kok (CC:BY-SA 3.0) https://he.
wikipedia.org/wiki/%D7%A7%D7%95%D7%91%D7%A5:Whites
potted_puffer.JPG

●非結晶

あるいは、f=0.04, k=0.06 とすることで、空間格子が少し崩れたような構造を取り続ける非結晶なパターンが現れます。

```
# amorphous
f, k = 0.04, 0.06
```

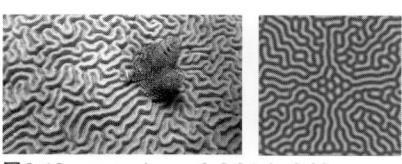

図2-13 amorphous: f=0.04, k=0.06
Brain Coral and Christmas tree worm BY U.S. Geological Survey (CC:BY 2.0) https://commons.wikimedia.org/wiki/File:Brain_Coral_and_Christmas_tree_worm_(15427837544).jpg

●泡

f=0.012,k=0.05 とすることで、泡のようなパターンが連続的に動き続けるパターンが現れます。

```
# wandering bubbles
f, k = 0.012, 0.05
```

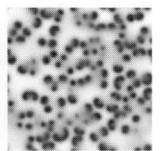

図 2-14 wandering bubbles: f=0.012, k=0.05
Flowerhorn BY Lerdsuwa (CC:BY-SA3.0) https://es.m.wikipedia.org/wiki/Archivo:Flowerhorn.jpg

●波

f = 0.025, k = 0.05 とすることで、波のようなパターンが連続的に動き続けるパターンが現れます。

```
# waves
f, k = 0.025, 0.05
```

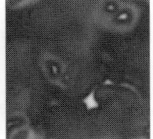

図 2-15 waves: f, k = 0.025, 0.05
Thornback cowfish (Lactoria fornasini) BY Rickard Zerpe (CC:BY-SA 2.0) https://www.flickr.com/photos/krokodiver/40757394194/

　このように自然界に存在するような多様なパターンを、作り出すことができます。実際に自分でfとkの値をいろいろと変えてみて、パターンが変わることを見てみてください。

2.2.4 セルラー・オートマトン

　ここまでのGray-Scottモデルの例で示したのと似たようなパターンの生成を、今度は「セルラー・オートマトン（cellular automaton）」という別な種類のモデルで作り出すことができます。これも大雑把に空間に非一様なパターンを作るという意味で、チューリングパターンととらえることができます。

　セルラー・オートマトンは、格子状に並んだセルで世界が構成されています。

　「セル」とは、表計算のマス目や「細胞」を意味する言葉です。ここでは、オセロのマス目と石のようなものをイメージするとよいでしょう。それぞれのセルは、連続な状態を持ちます。そして、まさにオセロのように、各セルの状態は周りのセルの状態によって変化していきます。セルは、周りのセルの状態により、状態を更新していきます。

　セルラー・オートマトンのひとつに、非常によく知られた「ライフゲーム（game of life）」と呼ばれるものがあります。先のGray-Scottモデルと類似したパターンを作ることができます。

　ライフゲームは、イギリスの数学者、ジョン・コンウェイが提案した二次元セルラー・オートマトンのルールセット（ルールの束）です。このルールセットは、混沌とした生物集団の成長を模倣するパターンです。

　まえがきでも触れたように、「人工生命」という言葉の生みの親は、クリストファー・ラントンというコンピュータ科学者です。ラントンが研究室で夜遅く作業をしていると、背後のスクリーンでうごめくライフゲームのイメージに「生命」を見て取り、震撼したといいます。

　ライフゲームについて説明するために、まずセルラー・オートマトンという計算モデルについて説明します。

　セルラー・オートマトンは、1940年代に行われた、数学者のジョン・フォン・ノイマンとスタニスワフ・ウラムのロスアラモス国立研究所での議論が起源と言われている計算モデルです [12]。その後、スティーブン・ウルフラムというアメリカの研究者によって1984年に、コンピュータを使ってその性質が研究されました [13]。この昔からある計算モデルをなぜ学ぶのかというと、セルラー・オートマトンを通して、

1 章で学んだ **ALife** の「非線形システム」という重要な考え方を体感できるからです。

　ここではセルラー・オートマトン、そしてライフゲームをプログラムで実行していきましょう。

　セルラー・オートマトンの面白さは、非線形であるということです。つまり、そのセルラー・オートマトンで現れるパターンは、局所的に定義されたルールからはわからない、実際に走らせてみないと予想できない（＝非線形）ものです。

　実際に手を動かす前に、もう少しだけセルラー・オートマトンの計算ルールについて見てみましょう。セルラー・オートマトンにはいくつか種類があり、それぞれ計算ルールが細かく違います。すべてに共通しているのは、下記 4 つのルールです。

[ルール 1] 空間がある

　セルを格子状に敷き詰める先を空間と呼びます。一次元（線）、二次元（面）、三次元（立体）のセルラー・オートマトンがあります。

　二次元空間は、無限に広がる方眼紙、オセロの盤や表計算のマス目をイメージしてもらうとわかりやすいでしょう。一次元はその 1 行分になり、表計算でいうところのまさに 1 行分です。三次元は、二次元を積み重ねたもので、例えるとルービックキューブのようなものになります。セルの形は、基本四角形ですが、多角形もあり、例えばハチの巣のような六角形のものもあります。

　本書では、基本となる一次元と二次元の空間と、そこに敷き詰められた四角形のセルを使用します。

[ルール 2] 時間がある

　セルの状態を変更する時間単位（ステップ）があります。パラパラマンガをイメージするとわかりやすいでしょう。その 1 枚 1 枚が、時間単位になります。次のステップにすべてのセルを一斉に変更するのか、格子状にあるセルをひとつひとつ順番に変えていくのかで、セルの状態のパターンは異なります。前者の一斉更新の時間単位を「世代」と呼びます。本書では前者の一斉更新を使用します。

[ルール 3] セルの状態がある

　セルひとつひとつに状態があります。状態は、いくつでも指定できるのですが、本書では一次元の場合は生死の 2 つ、二次元の場合には誕生、維持、死亡の 3 つの状態を使用します。それぞれの状態に関する説明は、後述します。

［ルール 4］セルの状態を変える条件がある

　このルールも、さまざまなパターンがあります。基本的には、対象のセルの現在の状態と隣接するセルの状態によって、対象のセルの状態を決定します。中には、毎回0.001%の確率でまったく異なる状態にしたり、時間と空間の位置によって、条件自体を動的に変化させるというものもあります。本書では、一次元の場合は左右のセル、二次元の場合には上下左右のセルの状態によって、対象のセルの状態を変更するルールを使用します。詳細は、後述します。

　セルラー・オートマトンの基本的な動作原理はたったこれだけです。ここをしっかり抑えれば、後は簡単に理解できます。

　では、実際にセルラー・オートマトンの例を見ていきましょう。

　図 2-16 には、3 つのセルの例を示しています。生きている状態（1）のセルを黒で、死んでいる状態のセル（0）を白で表しています。各セルの状態は、左から「0」「1」「0」となっています。

図 2-16　セル

　ここで、各セルの状態は、周りのセルの状態によって更新されるとしましょう。例えば、ここでは、隣り合うセルが「0」で、自身が「1」だった場合にのみ、状態が「0」に変化するというルールを考えましょう。

　そうすると、左と右のセルは、自身が「0」で隣り合うセルは「1」なので、状態は変化しません。中央のセルは「1」で、かつ、左右のセルが「0」なのでルールが当てはまり、状態が変化して「0」になります。

　すべてのセルで、一斉に状態を更新するか、ランダムにセルが状態を更新していくか、でパターンは異なります。ここでは前者の一斉更新の場合を考え、この時の時間の単位が「世代」です（図 2-17）。

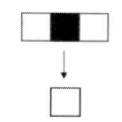

図 2-17　1 世代後

　ところで、両隣りのセルと自身のセルの状態から、ルールを作る一次元の座標のセルラー・オートマトンを「一次元セルラー・オートマトン」と呼びます。一次元セルラー・オートマトンは、セルを横 1 列に並べたセルラー・オートマトンです。

　先ほどのルールに当てはめると、次の通りです。

・空間：一次元
・時間：一斉更新（世代）
・状態：2 パターン（生・死）
・状態遷移条件：最大 256 パターン

　同じ考え方で、平面の二次元セルラー・オートマトンや、三次元空間の三次元セルラー・オートマトンを作ることができます。

　本項ではこの後、一次元と二次元のセルラー・オートマトンを見ていきましょう。

●一次元セルラー・オートマトン

　一次元セルラー・オートマトンは、セルを横 1 列に並べたセルラー・オートマトンです。両隣りと自身の状態によって状態を変化させます。

　状態がどう変化するかを決めているのが、セルラー・オートマトンの規則です。上の例のように、両隣りのセルの状態と自身の状態から次の世代の内部状態を決定する場合の状態パターンの数を考えてみましょう。3 つのセルがあり、各セルが生きているか (1)、死んでいるか (0) の 2 つのうち、どちらかの状態をとります。ですので、全部で図2-18に示すように、「2 の 3 乗 = 8」通りのセルの状態パターンが考えられます。

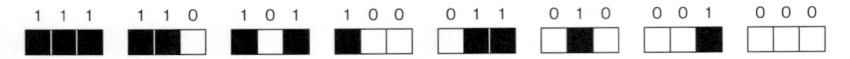

図 2-18　8 通りの状態パターン

　3 つのセルの状態は、「1」か「0」で表されており、2 進数と見なすことができますね。セルラー・オートマトンの考案者であるウルフラムは、この 8 通りの状態パターンのそれぞれに、真ん中のセルが次の世代で「1」(生きている) となるか、「0」(死んでいる) となるかというルールを決め、その配列を 2 進数と見なしたものを 10 進数に変換してルール番号とするということを提案しています。

　例えば、「00011110」は、10 進数に変換すると 30 となるため、このルールを「ルール 30」と呼びます。このルールの数は、「2 の 8 乗＝ 256」通りあるので、ルールは「ルール 0」から「ルール 255」まであります (プログラミングではリストの数値は 0 であることを思い出しましょう)。

　それでは次に、これらの 8 つの状態パターンが、次の世代で「0」か「1」のどちらに変化するかというルールを設定してみましょう。基本的な考え方として、8 通りの状態パターンがそれぞれ次の世代でどう変わるか、生きるか (1)、死ぬか (0) を設定します。ここでは例として、状態パターンが左から「00011110」と変化するように設定してみます。

　図 2-19 は、真ん中のセルがどう変化するかを矢印で示しています。

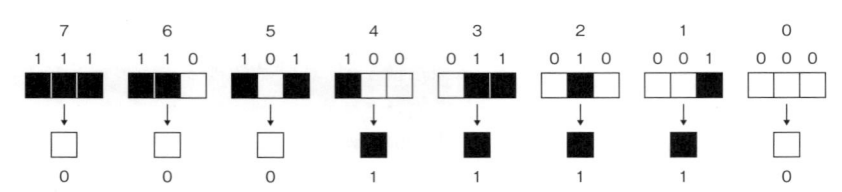

図 2-19　次世代パターン (ルール 30)

　ルール 30 を繰り返し、セルに適応していくとどんなパターンが現れるでしょうか？非線形なセルラー・オートマトンは、実際にプログラムとして動かしてみないと、どうなるかわかりません。

　実際に Python で動かしてみましょう。

サンプルプログラムの実行方法

サンプルプログラムは、GitHubリポジトリのchap02ディレクトリにあります。
移動して実行してください。
$ cd chap02
$ python cellular_automata_1d.py

このプログラムも Gray-Scott モデルと同様の構造で、初期化とアップデート処理
の 2 つに分けて考えることができます。

初期化フェーズでは、Gray-Scott と同様に、まずは Visualizer の初期化を行います。

```
visualizer = ArrayVisualizer()
```

ここでは、一次元配列を可視化するために ArrayVisualizer を利用します。詳しくは、
巻末の付録を参照してください。

その後、ルールの設定と状態を収める配列の初期化を行います。

```
SPACE_SIZE = 600

# CA のバイナリコーディングされたルール (Wolfram code)
RULE = 30

# CA の状態空間
state = np.zeros(SPACE_SIZE, dtype=np.int8)
next_state = np.zeros(SPACE_SIZE, dtype=np.int8)

# 最初の状態を初期化
### ランダム ###
# state[:] = np.random.randint(2, size=len(state))
### 中央の 1 ピクセルのみ 1、後は 0 ###
state[len(state)//2] = 1
```

state と next_state を用意しているのは、アップデートの際に、state から計算した
次の時間の状態を next_state に収め、最後に state と next_state をスワップするこ
とによってシミュレーションを実行するためです。

アップデートのフェーズは、以下のように実装します。

```
# state から計算した次の結果を next_state に保存
 for i in range(SPACE_SIZE):
     # left, center, right cell の状態を取得
     l = state[i-1]
     c = state[i]
     r = state[(i+1)%SPACE_SIZE]
     # neighbor_cell_code は現在の状態のバイナリコーディング
     # ex) 現在が [1 1 0] の場合
     #     neighbor_cell_code は 1*2^2 + 1*2^1 + 0*2^0 = 6 となるので、
     #     RULE の6番目のビットが1ならば、次の状態は1となるので、
     #     RULE を neighbor_cell_code 分だけビットシフトして1と論理積をとる。
     neighbor_cell_code = 2**2 * l + 2**1 * c + 2**0 * r
     if (RULE >> neighbor_cell_code) & 1:
         next_state[i] = 1
     else:
         next_state[i] = 0
 # 最後に入れ替え
 state, next_state = next_state, state
 # 表示をアップデート
 visualizer.update(1-state)
```

　RULE 変数は、上で紹介したウルフラムのルールコーディングの数字です。neighbor_cell_code は、注目しているセルに関して左・中央・右のセルの状態をコードしたものですので、RULE を neighbor_cell_code の数字分だけ右にビットシフトし、最下位のビットを調べれば、注目しているセルが次に取るべき状態がわかります。最後に state を Visualizer で可視化していますが、ここで 1-state としているのは、1 を黒で、0 を白で表示するためです。state は 0 か 1 ですので、これによって 0 と 1 を反転させます。

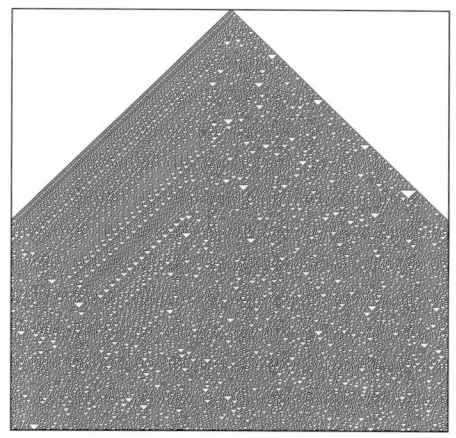

図2-20 ルール30のパターン

このプログラムが動いたら、ソースコード中の RULE 変数の値を 0 から 255 まで変えて実行してみて、ルールによるセルラー・オートマトンの挙動の違いを確認してください。

ウルフラムのウェブサイト「Wolfram MathWorld」では、全 256 通りのパターンの早見表が掲載されています。

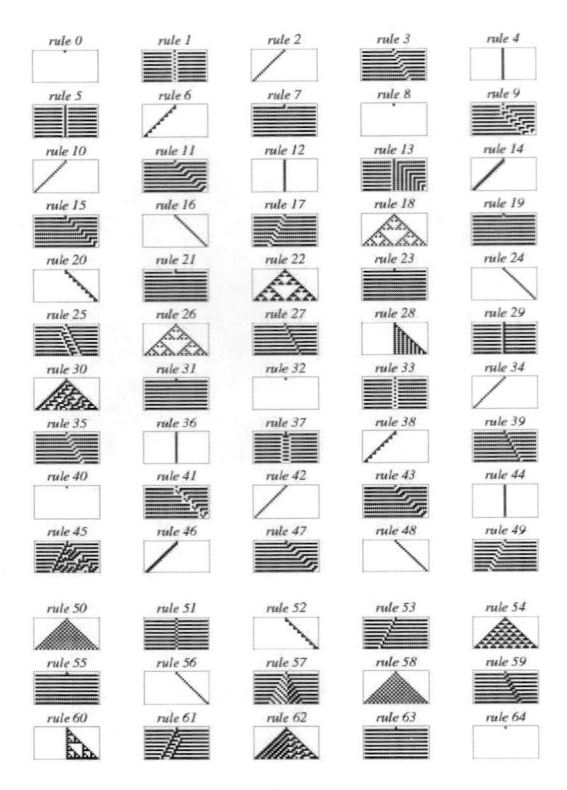

図 2-21　セルラー・オートマトン早見表
「WolframMathWorld」(http://mathworld.wolfram.com/ElementaryCellularAutomaton.html) より引用

●ランダムな初期条件

　これまでの例では、わかりやすく各パターンの特徴をつかむためにも、真ん中のひ
とつのセルのみ「1」と設定する初期条件で走らせてきました。他方で、ランダムな
初期条件を設定することによって、初期状態がどのようなパターンに収束していくの
かの過程が見やすくなります。

　早速、ランダムな初期条件を与えてみましょう。chap02/cellular_automata_1d.py
の初期条件を設定しているコードのみ、変更します。次のようにランダムな初期設定
を有効にして、中央の1ピクセルのみ1、あとは0としていた初期設定を無効にします。

```
# 最初の状態を初期化
### ランダム ###
state[:] = np.random.randint(2, size=len(state))
### 中央の1ピクセルのみ1、後は0 ###
#state[len(state)//2] = 1
```

図 2-22 が、初期条件をランダムにしてルール 30 を走らせてみた結果です。

図 2-22　ルール 30 のパターン
（ランダムな初期状態）

● 256 個のルール

　これまで一次元セルラー・オートマトンのルール 30 を見てきました。8 つの状態
パターンの変化ルールは、2 の 8 乗＝ 256 個作ることができるということもすでに述
べましたね。

　それでは 256 通りのすべてのルールを走らせてみると、どんなパターンが現れる
でしょうか？

　考案者のウルフラムは、現れるすべてのパターンをその時空間パターンの違い
から 4 つのクラスに分類しています。4 つのクラスを代表的なパターンとともに見
てみましょう。次に示すパターンは、初期設定をランダムにして chap02/cellular_
automata_1d.py を走らせてみた結果です。

　［クラス1：時間とともにパターンが消えたり、固定化するパターンを作る］
　　ルール 40 やルール 232 がこのクラスになります。

図 2-23　クラス 1

［クラス2：周期的な構造を作るようになり、無限にそのパターンを繰り返す］
　ルール 94 やルール 108 がこのクラスになります。

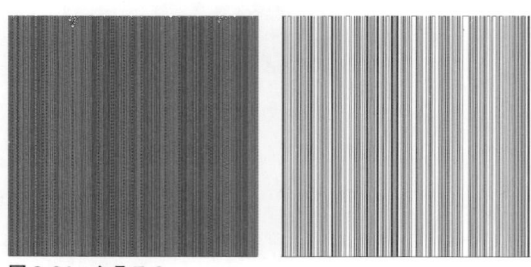

図 2-24　クラス 2

［クラス3：非周期でランダムなパターン「カオス」を作る］
　ルール 54 やルール 90 がこのクラスになります。これまで見てきたルール 30 もこのクラスです。

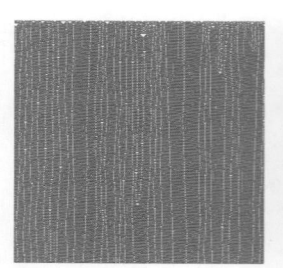

図 2-25　クラス 3

［クラス4：空間的、時間的に局在する構造を持つ複雑なパターンを作る］
ルール 110 やルール 121 がこのクラスになります。

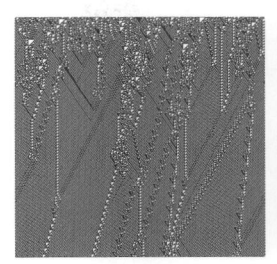

図 2-26　クラス 4

　クラス 1 やクラス 2 は、新しい変化を生み出さない「秩序」状態にあると表現します。
クラス 3 は、カオス的なランダムな状態です。

　面白いのは、この秩序状態とカオス状態の間にあるクラス 4 です。

　クラス 4 のような、完全にランダムではなく、パターンも見えるような状態こそが、
生命現象など現実世界での複雑な現象を引き起こす源だとウルフラムは考えました。
完全にランダムでもなければ、完全に周期的でもありません。

　現実の世界でも、規則的に見える現象でも、少しズレるといったことが起こります。
これが、クラス 4 です。実際、クラス 4 のパターンは、自然の世界にも見られます。
例えば貝殻の模様は、まさにクラス 4 のパターンととてもよく似ています。

　貝殻のパターンを作る研究として、ハンス・マインハルトという発生生物学者が書
いた『Algorithmic Beauty of Sea Shells』（1995 年）という有名な本があります [14]。
この本では、セルラー・オートマトンではなく、3 章で取り上げる化学反応モデルに
よって貝殻の表面のパターンが記述されています。

図 2-27　貝殻のパターン

　ところで、256 個のパターンを 4 つのクラスに分けると、それぞれのクラスが現れる割合は図 2-28 のようになります。クラス 4 が、最も出にくいパターンです。ただ、これらのクラス分けは厳密なものではなく、初期状態に依存するということから、現在でも分類の仕方の研究が続いています。

　ここで示した例以外に、どんなルールがクラス 4 を出すか、Python コードを走らせていろいろ試してみましょう。

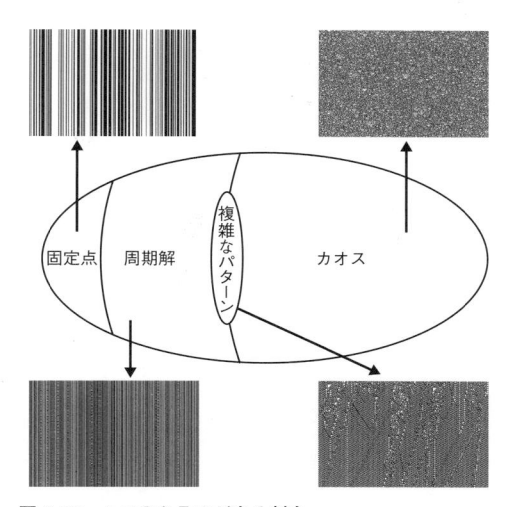

図2-28 4つのクラスが出る割合
「ULAMIZER II : Cellular Automata Music Module」(http://www.noyzelab.
com/research/ulamizer2.html) を参考に作成

　セルラー・オートマトンはウルフラムが言うように、「見た目」から4つのクラス
に分けることができました。この分け方は厳密ではないし、クラス同士の境も曖昧で
す。それでもクラスがあることは、何かを訴えかけている気がします。
　かつてラントンは、オートマトンの規則のうち、次時間に「0」になるパターンと
「1」になるパターンの比を「λ（ラムダ）値」とし、このλの値でクラス分類がパラメー
タ化されることを調べました（図2-29）。

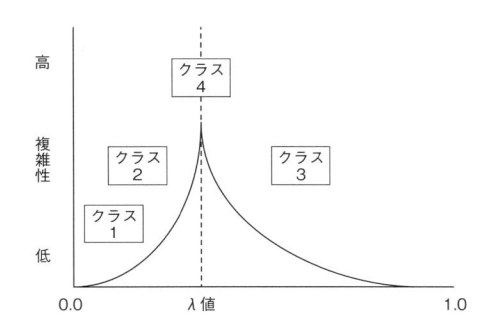

図2-29 クラス分類のパラメータ
「Langton, Christopher G., Studying Artificial Life with Cellular Automata,
Physica D, 1986」を参考に作成

　確かにいくつかの例だと、 λ がちょうど0.3の手前あたりでクラス4が見つかり、それはクラス3（カオス的）とクラス2（周期的）に挟まれていることがわかります。

　このことからクラス4を「カオスの淵」と呼び、さらにはクラス4のセルラー・オートマトンが万能チューリングマシンと等価なことから、進化が賢い方向に向かうならば、それはカオスの淵に向かうのだ、といった議論がなされるようになりました。しかし、こうした議論は厳密さを欠いていることもまた事実です。

●二次元セルラー・オートマトン（ライフゲーム）

　それでは、一次元のセルラー・オートマトンの挙動がわかったところで、次に「ライフゲーム」を見ていきましょう。

　ライフゲームは、一次元セルラー・オートマトンを拡張した、二次元のセルラー・オートマトンのひとつです。二次元セルラー・オートマトンは、一次元から二次元になるので、両隣りだけでなく、上・下・左・右・斜めに隣り合うセルの状態と自身の状態から次の状態を決めます。例えば、図2-30の真ん中のセルは、4つの生きているセルに囲まれている状態を示しています。

図2-30　ライフゲームのセル

　ライフゲームは、二次元セルラー・オートマトンのルールセット（ルールの束）です。このルールセットは、混沌とした生物集団の成長を模倣するパターンです。

　ライフゲームのルールを実際にひとつずつ見ていきましょう。

・「人口過剰」

　生きているセル（状態1）が、周りに3つより多くの生きているセルに囲まれていたら、そのセルは死ぬ。

・「均衡状態」

　生きているセル（状態1）が、2つか3つの生きているセルに周りを囲まれていたら、そのセルは生き延びる。

・「人口過疎」

　生きているセル（状態1）を囲っている周りのセルが2つより少ない時は、そのセルは死ぬ。

・「再生」

　死んでいるセル（状態0）が、ちょうど3つの生きているセルに周りを囲まれていたら、そのセルは生き返る。

　周りに生きているセルが多すぎても少なすぎても死んでしまいます。そして、生きているセルが3つの時だけ生まれる（あるいは生き返る）という、何とも不思議なルールです。これらのルールを二次元セルラー・オートマトンに実装すると、予測不能な非線形なパターンが現れます。

　それでは、ライフゲームのPythonプログラムを実行して、実装を見てみましょう。

> ### サンプルプログラムの実行方法
>
> サンプルプログラムは、GitHubリポジトリのchap02ディレクトリにあります。
> 移動して実行してください。
> $ cd chap02
> $ python game_of_life.py

　次のようなパターンが動けば成功です。

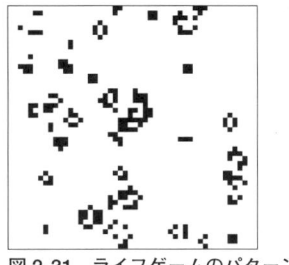

図2-31　ライフゲームのパターン

プログラムの実装は、一次元セルラー・オートマトンと構成はほとんど一緒です。
初期化部分では、

```
state = np.zeros((HEIGHT,WIDTH), dtype=np.int8)
next_state = np.empty((HEIGHT,WIDTH), dtype=np.int8)
```

と、二次元配列を用意しています（next_state も、一次元セルラー・オートマトンと
同様に計算結果を一時的に保存しておいて、最後に入れ替えるための変数です）。
　アップデート部分では、

```
for i in range(HEIGHT):
    for j in range(WIDTH):
        # 自分と近傍のセルの状態を取得
        # c: center ( 自分自身 )
        # nw: north west, ne: north east, c: center ...
        nw = state[i-1,j-1]
        n  = state[i-1,j]
        ne = state[i-1,(j+1)%WIDTH]
        w  = state[i,j-1]
        c  = state[i,j]
        e  = state[i,(j+1)%WIDTH]
        sw = state[(i+1)%HEIGHT,j-1]
        s  = state[(i+1)%HEIGHT,j]
        se = state[(i+1)%HEIGHT,(j+1)%WIDTH]
        neighbor_cell_sum = nw + n + ne + w + e + sw + s + se
        if c == 0 and neighbor_cell_sum == 3:
            next_state[i,j] = 1
        elif c == 1 and neighbor_cell_sum in (2,3):
            next_state[i,j] = 1
        else:
            next_state[i,j] = 0
state, next_state = next_state, state
# 表示をアップデート
visualizer.update(1-state)
```

と、行および列方向で for 文を回し、各セルの次の状態を next_state に収めていきま
す。ここで、nw、w、ne 等の変数名は、north-west、west、north-east の略で、注
目しているセルを中心にして近傍のセルを東西南北の方位で表しています。
　最後に state と next_state をスワップして表示するまでは、一次元セルラー・オー

トマトンと同様です。

●ライフゲームの有名なパターン

　ライフゲームを動かしているといろいろなパターンが見られます。周期的なクラス2になるパターン、周期性とランダム性をあわせ持つクラス4のパターンなど、ライフゲームの場合でも一次元セルラー・オートマトンと同じようにクラスに分類できます。

　ライフゲームで作られるパターンはほとんどがクラス4に分類されますが、どのようなパターンになるかは初期値に依存します。ここでは代表的なパターンをいくつか紹介しましょう。

　これらは、chap02/game_of_life_patterns.py の中に実装されており、chap02/game_of_life.py の冒頭でインポートされていますので、サンプルプログラムの初期化部分を以下のように書き換えることによって試してみることができます。

```
# 初期化
pattern = game_of_life_patterns.OSCILLATOR  # ここでパターンを変える
state[2:2+pattern.shape[0], 2:2+pattern.shape[1]] = pattern
```

［安定パターン］

　時間が経過しても変化しないのが、「安定パターン」です。

　例えば、左から2番目のパターンは生きているセルか6つありますが、それぞれについて近傍の生きているセルを数えると、2つずつあります。均衡状態のルールに当てはまり、これらの生きているセルは常に生き残り続けます。死んでいるセルについて見てみると、ちょうど3つの生きているセルを近傍に持つセルがないため、新しく生まれるセルがないことがわかります。

　これら安定パターンの初期状態は、以下のようにすると試すことができます。

```
# 初期化
pattern = game_of_life_patterns.STATIC
state[2:2+pattern.shape[0], 2:2+pattern.shape[1]] = pattern
```

図 2-32　安定パターン

［オシレーター］

　「オシレーター」は、いくつかのステップ数の後に初期設定に戻るパターンです。

　安定パターンは、周期が1のオシレーターと考えることができます。2つの代表的な周期的に振動するオシレーターを例にあげます。

```
# 初期化
pattern = game_of_life_patterns.OSCILLATOR
state[2:2+pattern.shape[0], 2:2+pattern.shape[1]] = pattern
```

図 2-33　オシレーター

［グライダー］

　あるパターンが壊れずにずっと空間を移動していくものも観察できます。これを「グライダー」と呼びます。

　グライダーは、4ステップで右下にひとつずつ空間を移動する動きをします。グライダーのように、自分で動くシステムのことを「自律的なシステム」と呼びます。ライフゲームでできるグライダーは、いったんできあがるとそのパターンを変えることはありません。

　もし、形を自発的に変化させ、そのパターンを維持しながらずっと空間を移動していけるグライダーができれば、それはより「自律的」なシステムだということができます。

```
# 初期化
pattern = game_of_life_patterns.GLIDER
state[2:2+pattern.shape[0], 2:2+pattern.shape[1]] = pattern
```

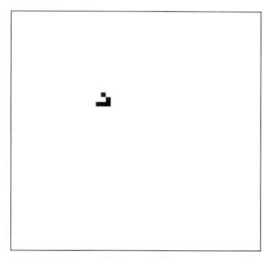

図 2-34　グライダー

[グライダーガン]

　グライダーを作り出すものを「グライダーガン」と呼びます。

　グライダーはランダムに初期値を設定していると、偶然に作られることがよくあります。一方、グライダーガンは人間が初期値を設定してデザインしてあげないと出てくることはめったにないパターンです。

　グライダーガンも、初期デザインで作ることができます。この初期値をライフゲームに設定すると、グライダーを周期的に作り出すグライダーガンを見ることができます。

```
# 初期化
pattern = game_of_life_patterns.GLIDER_GUN
state[2:2+pattern.shape[0], 2:2+pattern.shape[1]] = pattern
```

図 2-35　グライダーガン

●初期値のデザイン

グライダーガンの初期状態は、game_of_life.pyの中で以下のように記述しています。

```
GLIDER_GUN = np.array(
[[0,0,0,0,0,0,0,0,0,0,0,0,0,0,0,0,0,0,0,0,0,0,0,0,1,0,0,0,0,0,0,0,0,0,0,0],
 [0,0,0,0,0,0,0,0,0,0,0,0,0,0,0,0,0,0,0,0,0,0,1,0,1,0,0,0,0,0,0,0,0,0,0,0],
 [0,0,0,0,0,0,0,0,0,0,0,0,1,1,0,0,0,0,0,0,1,1,0,0,0,0,0,0,0,0,0,0,0,0,1,1],
 [0,0,0,0,0,0,0,0,0,0,0,1,0,0,0,1,0,0,0,0,1,1,0,0,0,0,0,0,0,0,0,0,0,0,1,1],
 [1,1,0,0,0,0,0,0,0,0,1,0,0,0,0,0,1,0,0,0,1,1,0,0,0,0,0,0,0,0,0,0,0,0,0,0],
 [1,1,0,0,0,0,0,0,0,0,1,0,0,0,1,0,1,1,0,0,0,1,0,1,0,0,0,0,0,0,0,0,0,0,0,0],
 [0,0,0,0,0,0,0,0,0,0,1,0,0,0,0,0,1,0,0,0,0,0,0,1,0,0,0,0,0,0,0,0,0,0,0,0],
 [0,0,0,0,0,0,0,0,0,0,0,1,0,0,0,1,0,0,0,0,0,0,0,0,0,0,0,0,0,0,0,0,0,0,0,0],
 [0,0,0,0,0,0,0,0,0,0,0,0,1,1,0,0,0,0,0,0,0,0,0,0,0,0,0,0,0,0,0,0,0,0,0,0]])
```

　このようにライフゲームで、人間が意味を解釈できるパターンを意図的に作るためには、初期値をデザインする必要があります。

　セルラー・オートマトンという考え方の最初の提案者であるフォン・ノイマンは、まるで電気回路をデザインするかのようにオートマトンの初期状態をデザインすることで、自己複製を行うオートマトンを動かし、さらにそれを計算機（コンピュータ）として構成することが可能であることを示しました。

　ライフゲームを使ってコンピュータを作ることもできます。

　どういうことかというと、コンピュータの基本的な論理演算の仕組みであるAND、OR、NOTといった論理回路をライフゲームで作ることができるのです。そして、ここで作ったグライダーを使うことで、プログラムの中のさまざまなオブジェクト同士で情報の受け渡しもできます。このように、ある計算原理が別の計算機を模倣可能である時、それが「チューリング完全（Turing-complete）」であると言います。

　ライフゲームを使ってライフゲームを計算する方法として「Unit Cell」というものがあります。

　これは、ライフゲームでライフゲームそのものを計算（エミュレート）する方法です。これができると自分自身をシミュレーションできるだけでなく、無限階層のシミュレーションが埋め込めることが瞬時に想像できると思います。そこに心の自己言及性など、いろいろなものを取り込めるのではないかと夢想することもできるでしょう。

　例えば、巨大な状態数を持つピーター・ガッチスのセルラー・オートマトン「Gacs（ガッチス）」では、どんなノイズの下でも安定に振る舞えるパターンを、この無限階層の自己言及性を用いて示すことに成功しています（図2-36）。

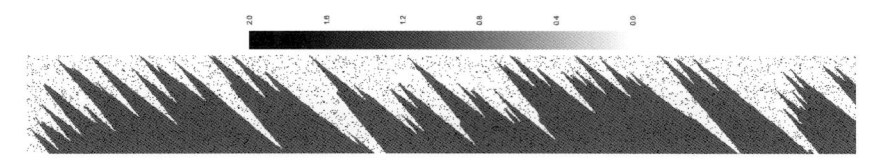

図 2-36　ガッチスのセルラー・オートマトン

　しかし、私たちとしては、計算ということにそこまで踏み込む必要はないかもしれません。例えば、われわれの知っている計算というものは、とても抽象的なもので、同じ計算が世界最速のアントン計算機（2016 年の時点）でも、囲碁の石でもできます。粘菌にだって（粘菌の思いは別にして）計算が行えます。それぞれの速度が違うだけです。そこが計算という概念の持つ魅力です。

　しかし生命の計算はちょっと違いそうです。途中でやめてもよい計算とか、間違ってもよい計算というのを考えるのであれば、そもそも計算という概念が、生命に合わないのかもしれません。その意味で、生命の計算と呼べるものはまだできあがっていません。

　そもそも、要素が個体発生の時間スケールで変化し、最終的にひとつの個体を作り上げるという生命のプロセスは、計算なのでしょうか？

2.3　現実世界の計算

　生命の背後にあるものは、ここで見てきたチューリングパターンやセルラー・オートマトンに見られるような自己組織化です。

　生物のパターンや形は、すばらしい自己組織化の見本です。貝殻やチョウの羽のパターン、植物の花の形などは、生物の意志とは別に出現するものです。しかし、自己組織化でどこまで現実の複雑な問題に対処できるかという問題があります。

　コンピュータの自己組織化は、そのままでは現実世界に連れ出せないものがほとんどです。それは現実世界にはノイズがあるからであり、セルラー・オートマトンはノイズにとても弱いからです。だから、ガッチスのオートマトンは、この問題への対策として、ものすごく大きな状態空間を必要とするわけです。

　そこで自己組織化と進化をうまくつないでみせるロジックに注目してみましょう。

　イギリスの研究者エイドリアン・トンプソンは、かつて「FPGA（Filed Programmable Gate Array）」を使った、進化するハードウェアの研究を行いました[15]。FPGA 上では、論理素子のつながりをソフトウェア的に自由につなぎ替えることができます。これを

使ってトンプソンは、論理回路に2つのブザーの音（高周波と低周波）を分別する問題を、遺伝的アルゴリズムを用いて進化的に設計しました。この時、この回路をさまざまな温度環境でも2つの音を分別できるように、回路を進化させました。

　その結果、広い温度領域で安定して区別のできるロバスト（頑強）な回路が進化してきたといいます。これはどうやって可能になったのでしょうか？　その頑強性は、回路としてはつながっていないけれど近くにある回路の電場によって影響を受け、その結果区別できるというアクロバティックな方法で保証された、と報告しています。

　このような回路の「モノ」としてのハードウェアの性質と、ソフトウェアとしての計算が区別なく扱われているのは、非常に面白い点です。

　ここで進化の結果、自己組織化してきたのは「現実世界における計算としてのロバストネス」です。それは、線形安定性や構造安定性といった数学の問題とは異なる安定性の問題です。化学実験では、ハードウェアとソフトウェアそのものの区別がなく、それらが絡み合って、独自の安定性を作り出しているかのように見えます。化学反応におけるソフトウェアとは、例えばDNA分子の持つ情報のことです。

　トンプソンの研究に見られるように、2008年頃からALife研究の関心もコンピュータのソフトウェアのみによるシミュレーションから、実世界での自己組織化問題へと話が移っていきます。

　実世界でのハードウェアと、自己組織化するパターンを共進化させることで、コンラッドの言及する現在のコンピュータでは真似できない、生命システムの「いい加減」な、そして超並列的かつロバストな、現実世界で展開される生命計算のパラダイムを構築することが可能となるかもしれません。

参考文献

[9] Turing, A. M., The Chemical Basis of Morphogenesis, Philosophical Transactions of the Royal Society, Series B, Biological Sciences, vol.237, no.641, p.37-72, 1952.

[10] Gray, P. and Scott, S.K., Autocatalytic reactions in the isothermal, continuous stirred tank reactor: Isolas and other forms of multistability, Chem. Eng. Sci, vol.38, p.29-43, 1983.

[11] Pearson, John E., Complex Patterns in a Simple System, Science, vol.261, no.5118, p.189-92, 1993.

[12] Wiener, N.; Rosenblueth, A. (1946). "The mathematical formulation of the problem of conduction of impulses in a network of connected excitable elements, specifically in cardiac muscle". Arch. Inst. Cardiol. México 16: 205.

[13] Wolfram, S., Cellular automata as models of complexity, Nature, 1984, vol.311, no.5985, p.419-424. Bibcode:1984Natur.311..419W. doi:10.1038/311419a0.

[14] Meinhardt, H., The Algorithmic Beauty of Sea Shells, Springer, Heidelberg, New York, fourth edition, 2009.

[15] Adrian Thompson, An Evolved Circuit, Intrinsic in Silicon, Entwined with Physics, Proceedings of the First International Conference on Evolvable Systems: From Biology to Hardware, p.390-405, 1996.

3章
個と自己複製

　個の創発や自己複製は、ALife の核心的な問題のひとつです。そもそも個はどう定義されるのか、自己複製は可能なのか、その定義やメカニズムが解明されつつあります。
　「個」や「自己」とはいったい何かということが、ゆらいでいるのが現代です。例えば私たちは、インターネットやスマートフォンなしでは生活できないところまできています。インターネットによって拡張された自己について、遺伝子が規定する自己とは質的に異なる議論をすることが求められています。
　この章では、自己複製プロセス、あるいは自己複製アルゴリズムを議論するために、これまで ALife の分野で扱ってきたモデルを組み立てしながら、考えていきます。

3.1　個の創発
　「個」を規定するプロセスは何か、ということを考えてみましょう。
　化学的に見て、例えば細胞を外部環境と隔てる膜を考えます。それは物理的には、内と外を隔てながらも透過性を持つ動的なインターフェースです。完全に内と外を隔ててしまっては、反応が死んでしまうので、そのインターフェースを通してさまざまな物質が流れ込み、流れ出します。
　完全に環境から孤立して、安定しきってしまっていると生命的になりません。石ころは安定したシステムですが、生命ではないのは、そこにインターフェースとしての膜がないからです。反対にどんどん変わっていってしまうシステムは不安定すぎて、内外の境が崩壊します。そこには個という単位は生まれません。
　2 章で見たウルフラムのクラス分類でいうと、石はクラス 1、変化し続けるパターンはクラス 3、安定と不安定の間にあるのはクラス 4 に分類されるシステムです。
　秩序とカオスの境界を行き来するような、開きつつ閉じる、ということが必要なわ

けです。カオスほど開かないが、周期的であるほど閉じていない——それが「開きつつ、閉じる」ということです。

他にも、2 章で見た Gray-Scott モデルでは、パラメータによって安定な斑点模様が現れることを見ました。しかしこの斑点模様は、生命のような感じはしません。なぜでしょうか？ それはおそらく、斑点模様が安定だからです。安定性と不安定性の間にあって、環境の変化に適応できるぐらいの不安定性を持つシステムとして、個は「創発」します（創発現象については 4 章も参照のこと）。

個の創発は、「オートポイエーシス（Auto Poiesis）」の基本問題です。オートポイエーシスは、神経生物学者フランシスコ・ヴァレラと、その師であるウンベルト・マトゥラーナによって提唱された、自らを生成し、維持できる「最小単位の生命」の機構を持つシステムです [16]。その最も簡単な例が、この後に詳しく説明する SCL モデルになります。

膜がないと中に反応を閉じ込められないし、反応を閉じ込められないと膜が維持できません。そうしたウロボロス（自分の尻尾をかむヘビ）的な、再帰的に自己言及を行う構造が、生命的な個の創発には必要です。

オートポイエーシス概念は、1970 年代に提案された後、多くの研究者や哲学者に影響を与えました。その理由はおそらく、自己という問題を扱っているからです。自己はなぜ大事なのでしょうか？ それは、「はたして物理的な現象から自己意識が生まれるのだろうか」という問いから、物理学的なものの理解が化学的な状態としての理解につながり、それがさらに生物学的な記述へと向かうために必要な、今もなお残っている不思議な問題だからです。

3.1.1 SCL モデル

オートポイエーシスの概念を作り出すモデルのひとつが、「SCL（Substrate Catalyst Link）」モデルです。SCL モデルは、オートポイエーシス概念を構成的に理解するためのプログラムです。

「個の創発とは何か？」という問いに対し、SCL モデルは、「自己の存在を決定するのはそれ自体の構成するプロセスによってである」というひとつの理解の仕方を提示しています。そして、環境との相互作用の中で、個を保ちながら、環境とシステムの構造が変容し続けるさまも、構成的に理解することができます。SCL モデルを通して、生命の本質は安定と不安定の間で必死にバランスを取ろうとしていることにあるかもしれない、というひとつの概念を学ぶことができます。

それでは、まず SCL モデルのプログラムを動かしてみましょう。

サンプルプログラムの実行方法

サンプルプログラムは、GitHubリポジトリのchap03ディレクトリにあります。
移動して実行してください。
```
$ cd chap03
$ python scl.py
```

すると、図 3-1 のような紫の円を膜のように囲む細胞のようなモデルがアニメーションされます。膜ができたり、壊れたり、修復されたりと、まるで細胞のように膜の生成プロセスが維持される様子が見られます。

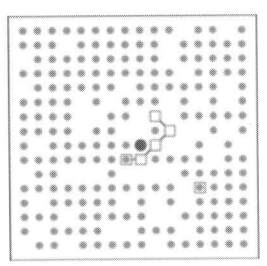

図 3-1　SCL モデル

SCL モデルは、二次元格子上を移動する各種分子と、それらの化学反応式で成り立っています。格子上のセルには 3 種類の分子が存在し、各分子はセル間を移動したり、隣接する別の分子と結合や分解などの化学反応を行う中で、全体として膜の生成と維持が行われるようになっています。分子の種類は「基質分子」（Substrate）、「触媒分子」（Catalyst）、「膜分子」（Link）の 3 タイプです。プログラムでは、緑が基質分子、紫が触媒分子、青い四角形が膜分子です。タイプによって、結合、分解、そして動きのルールが異なります。

これらの分子間には、以下の 3 つの化学反応が適用されます。

1) $2S + C \rightarrow L + C$
2) $L + L \rightarrow L - L$
3) $L \rightarrow 2S$

　1) の式は、2つの基質分子（S）から触媒分子（C）によってひとつの膜分子（L）が生成される反応を示します。

　2) の式は、生成された膜分子（L）が隣合う膜分子（L）と結合することで空間上に固定されることを示しています。

　3) の式により、膜分子（L）は、ある一定の確率で再び基質分子（S）に分解されます。

　初期状態は、基質分子で空間が埋めつくされ、基質分子はランダムに動きます。触媒分子もランダムに動き、近づいてきた基質分子を膜分子に変換します。膜分子はお互いに結合してリンクを作ります。リンクしていない膜分子のみ移動できます。膜分子は、結合しているかどうかに関わらずランダムに分解が起こります。

　これら単純な分子とルールのセットのみから、個の形成と自己維持が可能です。

●個の形成と自己維持

　まず、個の生成の様子から見ていきましょう。触媒分子が、その近隣に膜分子を生成しはじめ、結合してリンクを形成し、触媒分子を囲い込んで膜が生成されます。膜を周りに作ることで、まさに細胞のような「個」という単位を作りはじめます。

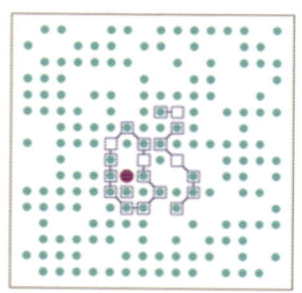

図 3-2　SCL モデルによる個の形成
（触媒分子を囲む膜が生成される）

　次に、自己維持される様子を見ていきましょう。

　基質分子はリンクを通過することができるので、膜の内と外を行ったり来たりします。膜の中の基質分子が、触媒分子により膜分子に変換されると、リンクが膜の内部で作られます。そうすることで、例えば、膜を作っているリンクが分解して穴ができても、膜内のリンクが穴を埋め、壊れた膜を修復します。

　これが自己維持のプロセスです。自らの代謝ネットワークの構成要素を再帰的に作

り出し、膜（物理的な境界）を内部から決定するのです。

　生物は自ら行動を決定しているように見えます。この生命の持つ自律性を理解するために、ヴァレラは、オートポイエーシス理論やSCLモデルを通して、「細胞のように自らの境界を再生成し続ける再帰的なプロセスにこそ自律的行動の源がある」という議論を展開しました。

　一方で、ロボットに自律的行動をさせようとする時、それは何らかの知覚系としてのセンサーと、行為系としてのモーターを持っていて、その間の接続が問題になります。どういう知覚からどういう行動が発生するか（感覚運動）が問題となるわけです。

　細胞のような単細胞生物においても、化学物質や温度を感知してその方向へ動く振舞いに見られるように、知覚や運動は重要な機能です。

3.1.2 SCL モデルの実装

　それでは、SCLの概要とその動きを説明したところで、SCLモデルを実装します。ソースコードは、chap03/scl.py にあります。

　ここでは、SCLを一種の二次元セルラー・オートマトンとして実装しています。つまり、二次元格子の各セルの状態によって、存在する分子を表現し、隣のセルとの相互作用によって分子の移動・反応を表現します。

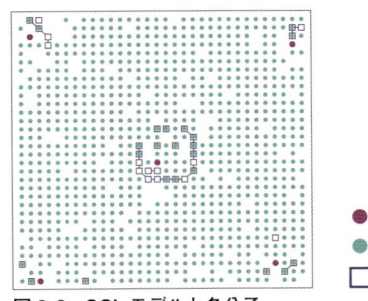

● 触媒分子（CATALYST）
● 基質分子（SUBSTRATE）
□ 膜分子（LINK）

図 3-3　SCL モデルと各分子

　紫色の分子が触媒分子（CATALYST）、緑色の分子が基質分子（SUBSTRATE）、青色の四角が膜分子（LINK）です。また膜分子は基質分子を透過できるので、同じセルに同居することができます。さらに、膜分子同士の結合は青い線で表されています。

　以上から、各セルは、以下の5つの状態をとれるように実装します。

1）CATALYST（触媒分子）
2）SUBSTRATE（基質分子）
3）LINK（膜分子）
4）LINK-SUBSTRATE（膜分子と基質分子が同居）
5）HOLE（空）

　二次元格子内の各セルには、これらのタイプに加えて膜分子の崩壊状態と結合先を Python の辞書形式で収めています。

```
{'type': 'LINK', 'disintegrating_flag': False, 'bonds': [(6,5,8,5)]}
```

　bonds には、結合先の座標がリスト形式で保持されます。崩壊フラグ（disintegrating_flag）に関しては、反応の部分で詳しく説明します。
　分子の反応や結合は、実装上では、以下の6つの反応で表現することができます。

・production ― 2つの基質分子が触媒分子に触れて膜分子になる
・disintegration ― 膜分子が2つの基質分子に戻る
・bonding ― 膜分子と膜分子が結合する
・bond decay ― 膜分子同士の結合が崩壊する
・absorption ― 膜分子が基質分子を吸収する
・emission ― 膜分子が基質分子を放出する

　詳しくは、反応の部分で解説します。
　モデルのパラメータには以下のものがあります。

```
MOBILITY_FACTOR = {
'HOLE':            0.1,
'SUBSTRATE':       0.1,
'CATALYST':        0.0001,
'LINK':            0.05,
'LINK_SUBSTRATE':  0.05,
}
PRODUCTION_PROBABILITY        = 0.95
DISINTEGRATION_PROBABILITY    = 0.0005
```

```
BONDING_CHAIN_INITIATE_PROBABILITY = 0.1
BONDING_CHAIN_EXTEND_PROBABILITY   = 0.6
BONDING_CHAIN_SPLICE_PROBABILITY   = 0.9
BOND_DECAY_PROBABILITY             = 0.0005
ABSORPTION_PROBABILITY             = 0.5
EMISSION_PROBABILITY               = 0.5
```

　MOBILITY_FACTOR は、各分子の移動のしやすさです。詳細は、以下の分子の移動の部分で解説します。また、プロセスが起こる確率（PROBABILITY）パラメータは、各反応の起きやすさです。BONDING だけは、結合元の膜分子の状態によって結合しやすさを変えるために、3 つのパラメータが存在します。

　SCL モデルの実装は、大きく 3 つのパートに分けることができます。

1）初期化
2）分子の移動
3）分子の反応

　それでは、順に見ていきましょう。なお、このプログラムでは、可視化のために SCLVisualizer クラスを用意しています。これも巻末の付録を参照してください。

●初期化

　初期化のフェーズでは、セルの情報を格納する二次元配列を用意し、分子の配置を行います。

```
particles = np.empty((SPACE_SIZE, SPACE_SIZE), dtype=object)
# INITIAL_SUBSTRATE_DENSITY に従って、SUBSTRATE と HOLE を配置する。
for x in range(SPACE_SIZE):
    for y in range(SPACE_SIZE):
        if evaluate_probability(INITIAL_SUBSTRATE_DENSITY):
            p = {'type': 'SUBSTRATE', 'disintegrating_flag ': False, 'bonds': []}
        else:
            p = {'type': 'HOLE', 'disintegrating_flag ': False, 'bonds': []}
        particles[x,y] = p
# INITIAL_CATALYST_POSITIONS に CATALYST を配置する。
for x, y in INITIAL_CATALYST_POSITIONS:
    particles[x, y]['type'] = 'CATALYST'
```

　まず、SPACE_SIZE × SPACE_SIZE の二次元配列を用意します。内部に Python の辞書を収めるために、dtype=object としています。なお、本サンプルコードでは行を x、列を y として扱っています。

　次に、基質分子を配置します。各 x,y に関して、INITIAL_SUBSTRATE_DENSITY に従って type を SUBSTRATE か HOLE に設定します。ここで利用している evaluate_probability 関数は、引数の確率に従って True か False を返します（74 ページのコラム参照）。

　最後に、INITIAL_CATALYST_POSITIONS に格納されている座標の type を CATALYST に変更することによって、触媒分子を配置します。

　もしも膜ができあがった状態からスタートしたい場合は、以下の部分をコメントアウトしてください。

```
for x0, y0, x1, y1 in INITIAL_BONDED_LINK_POSITIONS:
    particles[x0, y0]['type'] = 'LINK'
    particles[x0, y0]['bonds'].append((x1, y1))
    particles[x1, y1]['bonds'].append((x0, y0))
```

　INITIAL_BONDED_LINK_POSITIONS には結合させる 2 つの膜の座標を (x0,y0,x1,y1) の形式でリストに格納してあるので、2 つの座標の type を LINK に変更し、両者の bonds に相手の座標を追加します。

　初期化の後に、プログラムはメインループに入り、分子の移動と反応を交互に繰り返します。

●分子の移動
　初期化が終わったところで、まずは分子の移動の説明をします。

```
moved = np.full(particles.shape, False, dtype=bool)
for x in range(SPACE_SIZE):
    for y in range(SPACE_SIZE):
        p = particles[x,y]
        n_x, n_y = get_random_neumann_neighborhood(x, y, SPACE_SIZE)
        n_p = particles[n_x, n_y]
        mobility_factor = np.sqrt(MOBILITY_FACTOR[p['type']] * MOBILITY_FACTOR[n_
        p['type']])
        if not moved[x, y] and not moved[n_x, n_y] and \
```

```
len(p['bonds']) == 0 and len(n_p['bonds']) == 0 and \
evaluate_probability(mobility_factor):
    particles[x,y], particles[n_x,n_y] = n_p, p
    moved[x, y] = moved[n_x, n_y] = True
```

　分子の移動は、2つの隣り合ったセルの情報を入れ替えることによって実現します。あるセルのノイマン近傍からランダムに1セル選択し、MOBILITY_FACTORに従って移動する／しないを決定します。

　ここで注意しなければいけないのは、セルAからセルBへの移動が起こった後に、セルBからセルCへの移動が起こると、ひとつの分子が一気に2つ以上のセルを越えて移動してしまう点です。これを防ぐために、移動が起こったセルを記録しておくための二次元配列を用意し、Falseで満たします（moved変数）。その後、移動が起こったセルにはTrueを入れ、それ以上移動が起きないように制限します。

　移動の実際は、まず各セルに関してランダムな移動先の近傍セルを選択します。

```
n_x, n_y = get_random_neumann_neighborhood(x, y, SPACE_SIZE)
```

mobility_factorは実際に移動が起こる確率で、ここでは、

```
np.sqrt(MOBILITY_FACTOR[p['type']] * MOBILITY_FACTOR[n_p['type']])
```

と計算しています。つまり、移動する両者の分子のMOBILITY_FACTORの相乗平均が実際に交換が起こる確率としてします。MOBILITY_FACTORは、各分子について Pythonの辞書形式で設定しています（前述のパラメータの解説を参照）。

```
MOBILITY_FACTOR = {
'HOLE':          0.1,
'SUBSTRATE':     0.1,
'CATALYST':      0.0001,
'LINK':          0.05,
'LINK_SUBSTRATE': 0.05,
}
```

　例えば、基質分子と基質分子が隣り合っている場合は、

```
>>> np.sqrt(0.1 * 0.1)
0.1
```

となりますが、触媒分子と基質分子の場合は

```
>>> np.sqrt(0.1 * 0.0001)
0.0031622776601683794
```

となります。これは、触媒分子は基質分子に比べてはるかに移動しづらいということです。

2つの分子の種類に応じて移動確率を mobility_factor 変数に設定した後、以下の条件をチェックします。

・移動する2つのセルの moved 変数は False か？
・移動対象の分子が他と結合していないか？（結合している分子は移動できない）
・evaluate_probability 関数の結果が True か？

これらの条件を満たしたら、セル内の情報を交換し、moved 変数に True をセットします。

```
particles[x,y], particles[n_x,n_y] = n_p, p
moved[x, y] = moved[n_x, n_y] = True
```

MOBILITY_FACTOR の各値は、SCL モデルがうまく膜を作るための重要なパラメータですので、値によってどのように振る舞いが異なるか実験してみましょう。

●分子の反応

いよいよ、SCL モデルの中心である6つの反応について説明していきます。実際のプログラムは、以下のように反応ごとに関数を作成しています。

```
for x in range(SPACE_SIZE):
    for y in range(SPACE_SIZE):
        production(particles, x, y, PRODUCTION_PROBABILITY)
        disintegration(particles, x, y, DISINTEGRATION_PROBABILITY)
```

```
bonding(particles, x, y, BONDING_CHAIN_INITIATE_PROBABILITY,
                         BONDING_CHAIN_SPLICE_PROBABILITY,
                         BONDING_CHAIN_EXTEND_PROBABILITY)
bond_decay(particles, x, y, BOND_DECAY_PROBABILITY)
absorption(particles, x, y, ABSORPTION_PROBABILITY)
emission(particles, x, y, EMISSION_PROBABILITY)
```

　各関数の引数には、空間全体の情報（particles）と注目しているひとつのセルの座標、反応を起こす確率を与えます。bonding だけは、分子の状態に応じて確率を変えるために３つの確率を与える必要があります。

　それでは、各反応関数について見ていきましょう。各関数は chao03/scl_interaction_functions.py に実装されています。

・production

　production は、触媒によって近隣の２つの基質が１つの膜に変化する反応です（2S + C → L + C）。

　モデルの説明でも見たように、これによって基質は膜分子に変化し、さらに膜分子同士が結合して閉じた膜を形成していきます。

```
def production(particles, x, y, probability):
    p = particles[x,y]
    # 対象の近傍粒子２つをランダムに選ぶ
    n0_x, n0_y, n1_x, n1_y = get_random_2_moore_neighborhood(x, y, particles.shape[0])
    n0_p = particles[n0_x, n0_y]
    n1_p = particles[n1_x, n1_y]
    if p['type'] != 'CATALYST' or n0_p['type'] != 'SUBSTRATE' or n1_p['type'] != 'SUBSTRATE':
        return
    if evaluate_probability(probability):
        n0_p['type'] = 'HOLE'
        n1_p['type'] = 'LINK'
```

　最初に get_random_2_moore_neighborhood 関数（74 ページのコラム参照）によって、ランダムな２つのムーア近傍セルを選択します。ただし、この関数は戻り値の２つの近傍セル同士も隣り合っていることを保証します。

　production は触媒分子に対して２つの基質が起こす反応なので、それらをチェックし、最後に反応確率を評価して、各セルのタイプを膜分子と空間に置き換えます。

・disintegration

disintegration は production の逆反応で、膜分子が崩壊して2つの基質に戻る反応です（L → 2S）。

触媒分子の働きで生成された膜分子ですが、永遠にそのままではなく、ある確率で自発的に崩壊して元の2つの基質分子に戻ります。その際、同居している基質分子は強制的に放出され、他の膜分子との結合も強制的に削除します。

```python
def disintegration(particles, x, y, probability):
    p = particles[x,y]
    # disintegration はすぐに起こらない場合もあるので、一旦フラグを立てる
    if p['type'] in ('LINK', 'LINK_SUBSTRATE') and evaluate_probability(probability):
        p['disintegrating_flag'] = True

    if not p['disintegrating_flag']:
        return
    # LINK が SUBSTRATE を含む場合には、強制的に放出するために emission を確率1で実行
    emission(particles, x, y, 1.0)
    # 対象の近傍粒子をランダムに選ぶ
    n_x, n_y = get_random_moore_neighborhood(x, y, particles.shape[0])
    n_p = particles[n_x, n_y]
    if p['type'] == 'LINK' and n_p['type'] == 'HOLE':
        # LINK の相互結合をすべて消すため、bond_decay を確率1で実行する
        bond_decay(particles, x, y, 1.0)
        # disintegration
        p['type']   = 'SUBSTRATE'
        n_p['type'] = 'SUBSTRATE'
        p['disintegrating_flag'] = False
```

ここで注意しなければならないことは、膜分子の周りの状態に応じて、すぐには崩壊できない場合があることです。具体的には同居している基質分子を放出したり、分裂してできた2つの基質分子を収めたりするスペースが近傍に存在しない場合です。そのため、反応確率を評価した後にいったん、該当するセルの disintegrating_flag を True に設定します。もしもこの後、上記の状態で崩壊が起こせなかった場合でも、フラグは保存され、次回以降の反応で再度崩壊を試みます。

```python
if p['type'] in ('LINK', 'LINK_SUBSTRATE') and  evaluate_probability(probability):
    p['disintegrating_flag '] = True
```

そして、disintegration の実際に移ります。

disintegrating_flag が True の膜分子に関して（これは上で述べたように今回の反応で True となったかもしれないし、前回以前に True となったが disintegration が完了できなかった分子かもしれません）、まずは基質分子を含む場合はそれを放出するため確率 1 で emission を実行します（emission 関数については後述）。

その後、改めてランダムな近傍セルを選びます。膜分子を 2 つの基質分子に分解するには、余った基質分子を収めるために相手のセルが空である必要があるので、そのチェックを行った後、膜につながる結合をすべて削除するため、bond_decay を確率 1 で実行します（bond_decay 関数については後述）。

最後に、2 つの基質分子をセルに収め、disintegrating_flag を False に戻して終了です。

この過程のどこかで disintegration が進まなかった場合、disintegrating_flag は維持されるので、次回以降の反応で再度試みられるようになっています。

・bonding

bonding は、膜分子が近傍の膜分子と結合する反応です（L + L → L - L）。

結合を持った膜分子は移動しないので、これによって触媒を内包した閉じた膜を形成していきます。

ただし、膜分子の結合にはいくつかの条件があります。

・膜分子が作れる結合は 2 つまで
・2 つの結合が成す角度は 90 度以上（45 度の結合を禁止）
・交差するような結合は禁止

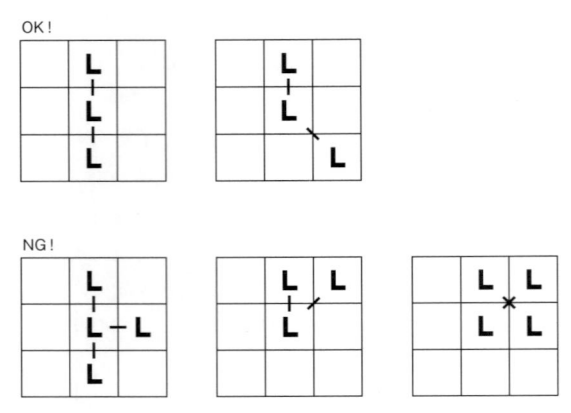

図3-4　禁止になる結合

・2つの膜分子の結合確率は、以下の3つの場合で異なるものを利用する
  - 2つの膜分子が結合を持たない場合（chain_initiate_probability引数）
  - 1つの膜分子がすでに結合を持つ場合（chain_extend_probability引数）
  - 2つの膜分子がすでに結合を持つ場合（chain_extend_probability引数）

　さらに、サンプルプログラムのSCLモデルでは、膜の形成を容易にするため、以下の制限が加えられています。これらの制限はbonding関数の引数でコントロールできるようになっているので、結果にどう影響するか考察・実験してみましょう（デフォルトでは2つともオンになっています）。

・結合チェーンによる制限
　ムーア近傍に2つの結合を持つ膜分子が存在する場合は結合できない（chain_inhibit_bond_flagでコントロール）
・触媒分子による抑制
　ムーア近傍に触媒分子が存在する場合は結合できない（catalyst_inhibit_bond_flagでコントロール）

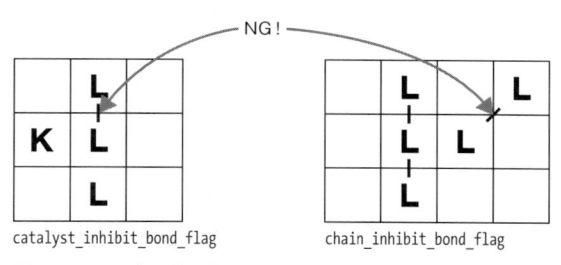

図 3-5　サンプルプログラムでコントロールされる結合

それでは、実装を見ていきましょう。

```python
def bonding(particles, x, y,
               chain_initiate_probability, chain_splice_probability, chain_extend_
probability,chain_inhibit_bond_flag=True, catalyst_inhibit_bond_flag=True):
    p = particles[x,y]
    # 対象の近傍粒子をランダムに選ぶ
    n_x, n_y = get_random_moore_neighborhood(x, y, particles.shape[0])
    # 2 つの分子のタイプ・結合の数・角度・交差をチェック
    n_p = particles[n_x, n_y]
    if not p['type'] in ('LINK', 'LINK_SUBSTRATE'):
        return
    if not n_p['type'] in ('LINK', 'LINK_SUBSTRATE'):
        return
    if (n_x, n_y) in p['bonds']:
        return
    if len(p['bonds']) >= 2 or len(n_p['bonds']) >= 2:
        return
    an0_x, an0_y, an1_x, an1_y = get_adjacent_moore_neighborhood(x, y, n_x, n_y,
particles.shape[0])
    if (an0_x, an0_y) in p['bonds'] or (an1_x, an1_y) in p['bonds']:
        return
    an0_x, an0_y, an1_x, an1_y = get_adjacent_moore_neighborhood(n_x, n_y, x, y,
particles.shape[0])
    if (an0_x, an0_y) in n_p['bonds'] or (an1_x, an1_y) in n_p['bonds']:
        return
    an0_x, an0_y, an1_x, an1_y = get_adjacent_moore_neighborhood(x, y, n_x, n_y,
particles.shape[0])
    if (an0_x, an0_y) in particles[an1_x,an1_y]['bonds']:
        return
```

```
# Bonding は以下の 2 つの場合には起こらない
# 1) moore 近傍にすでに結合している膜分子がある場合 (chain_inhibit_bond_flag)
# 2) moore 近傍に触媒分子が存在する場合 (catalyst_inhibit_bond_flag)
  mn_list = get_moore_neighborhood(x, y, particles.shape[0]) + get_moore_
neighborhood(n_x, n_y, particles.shape[0])
  if catalyst_inhibit_bond_flag:
      for mn_x, mn_y in mn_list:
          if particles[mn_x,mn_y]['type'] is 'CATALYST':
              return
  if chain_inhibit_bond_flag:
      for mn_x, mn_y in mn_list:
          if len(particles[mn_x,mn_y]['bonds']) >= 2:
          if not (x, y) in particles[mn_x,mn_y]['bonds'] and not (n_x, n_y) in
particles[mn_x,mn_y]['bonds']:
              return
  # Bonding
  if len(p['bonds'])==0 and len(n_p['bonds'])==0:
      prob = chain_initiate_probability
  elif len(p['bonds'])==1 and len(n_p['bonds'])==1:
      prob = chain_splice_probability
  else:
      prob = chain_extend_probability
  if evaluate_probability(prob):
      p['bonds'].append((n_x, n_y))
      n_p['bonds'].append((x, y))
```

　まずは、結合対象の分子をランダムに選んだ後、2 つの分子のタイプとすでに持っ
ている結合の数と角度をチェックします。角度のチェックには、まず分子 A のムー
ア近傍のうち、分子 B と隣接する 2 つのセルを get_adjacent_moore_neighborhood
関数で取得します（75 ページのコラム参照）。

　この中に粒子 A、B と結合している膜分子がないかチェックした後、同様のチェッ
クを A と B を入れ替えて行います。これで、45 度の結合の有無をチェックできます。
また、交差のチェックも get_adjacent_moore_neighborhood で取得した 2 つのセル
が結合しているかどうかでチェックできます。

　次に、各フラグに応じて、結合チェーンによる制限と触媒分子による制限をチェッ
クします。

　最後に、結合対象の 2 分子が持つ結合に応じた確率で結合を生成して、終わりにな
ります。

　ここで見たように、bonding 反応には様々なパラメータが関わっており、これらの

調整によって膜の出来具合やその頑強性が大きく左右されますので、さまざまな設定
で実験をしてみてください。

・bond decay

bond decay は、bonding の逆反応で、膜分子が持つ結合が自然消滅する反応です。
bonding で生成された膜分子間の結合ですが、確率的に消滅するようになっていま
す。生成された膜もスタティックなものではなく、絶えず消滅・生成を繰り返しなが
ら膜を維持している点がオートポイエーシスの面白い点ですので、この反応がモデル
に入っていることは重要です。

```python
def bond_decay(particles, x, y, probability):
    p = particles[x,y]
    if p['type'] in ('LINK', 'LINK_SUBSTRATE') and evaluate_probability(probability):
        for b in p['bonds']:
            particles[b[0], b[1]]['bonds'].remove((x, y))
        p['bonds'] = []
```

実装は、簡単です。対象の粒子が膜分子であるか確認し、確率を評価した後、その
セルと結合先座標のセルの bonds から情報を消すだけです。

・absorption、emission

膜分子は基質分子を透過しますが、SCL モデルではこれを膜が隣接する基質を吸
収（absorption）したり、放出（emission）したりすることによって実現しています。
これによって、閉じた膜が形成された後も内部には基質分子が供給され、膜を維持し
ているのです。

```python
def absorption(particles, x, y, probability):
    p = particles[x,y]
    # 対象の近傍粒子をランダムに選ぶ
    n_x, n_y = get_random_moore_neighborhood(x, y, particles.shape[0])
    n_p = particles[n_x, n_y]
    if p['type'] != 'LINK' or n_p['type'] != 'SUBSTRATE':
        return
    if evaluate_probability(probability):
        p['type']   = 'LINK_SUBSTRATE'
        n_p['type'] = 'HOLE'
```

```
def emission(particles, x, y, probability):
    p = particles[x,y]
    # 対象の近傍粒子をランダムに選ぶ
    n_x, n_y = get_random_moore_neighborhood(x, y, particles.shape[0])
    n_p = particles[n_x, n_y]
    if p['type'] != 'LINK_SUBSTRATE' or n_p['type'] != 'HOLE':
        return
    if evaluate_probability(probability):
        p['type']   = 'LINK'
        n_p['type'] = 'SUBSTRATE'
```

　どちらも、最初に対象のセルの近傍からランダムにセルを選択し、両者の type が適切であるかチェックした後に反応確率を評価し、反応を起こしています。

　absorption は、膜分子に基質分子が吸収される反応ですから、LINK と SUBSTRATE を LINK-SUBSTRATE と HOLE にします。一方、emission は基質分子を含んだ膜分子が空間に基質分子を放出する反応ですから、LINK-SUBSTRATE と HOLE を LINK と SUBSTRATE に変換します。

　以上で SCL モデルを実装できました。これで各パラメータの意味がわかりましたので、自由に変更して実験してみましょう。

scl_utils.py について

get_neumann_neighborhood(x, y, space_size)
4 つのノイマン近傍の座標をリスト形式で返す

get_random_neumann_neighborhood(x, y, space_size)
ノイマン近傍のうち、ランダムにひとつの座標を返す

get_moore_neighborhood(x, y, space_size)
8 つのムーア近傍の座標をリスト形式で返す

get_random_moore_neighborhood(x, y, space_size)
ムーア近傍のうち、ランダムにひとつの座標を返す

get_random_2_moore_neighborhood(x, y, space_size)
ムーア近傍のうち、ランダムに 2 つの座標を返す。ただし 2 点は隣接してい

ることを保証する

get_adjacent_moore_neighborhood(x, y, n_x, n_y, space_size)
(x, y) のムーア近傍のうち、(n_x, n_y) に隣接する 2 つの座標を返す。(n_x, n_y) は必ず (x, y) のムーア近傍の座標を与えなければならない

evaluate_probability(probability)
確率 probability に従って True か False を返す。probability は 0 から 1 の間を与えなければならない

近傍の種類について

　セルラー・オートマトンで利用する近傍にはいくつか種類がありますが、有名なものは「ノイマン（neumann）近傍」と「ムーア（moore）近傍」です。ノイマン近傍は、上下左右の 4 つのセルを示すのに対し、ムーア近傍は斜めも含む 8 つのセルを示します。例えばライフゲームは、ムーア近傍を利用したセルラー・オートマトンです。

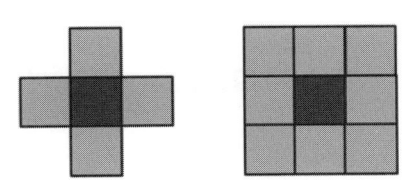

図 3-6　ノイマン近傍（左）とムーア近傍（右）

● SCL 改良モデル

　SCL モデルに見られる、生命の基本的な性質としての膜を自己生成し維持する機能と、感覚運動系はどのように関係しているのでしょうか？

　ロボットでは、センサーやモーターははじめから仮定されていますが、原始的な生物では、センサーやモーターを含む知覚運動系そのものが、膜の維持としての代謝プロセスや、膜そのものと区別されていなかったと考えられます。

　そこで、鈴木啓介と池上高志は、SCL モデルを改良し、膜の自己生成を通した感

覚運動系の起源を探っています [17]。

　SCL 改良モデルでは、「機能膜分子」という新しいタイプの膜分子を追加します。従来モデルでは膜分子はすべての基質分子を透過させていましたが、改良モデルでは機能膜分子しか透過できなくさせます。そうすると、この透過性の違いによって、環境にある基質分子の濃度が異なってきます。さらに、これまではランダムに動いていた触媒分子に、機能膜分子の近傍にある触媒分子が片側に押されるというルールも追加しました。

　この 2 つの変更により、モデルでは膜の修復過程によって運動が生じ、生じた運動によって、再び膜が不安定化し、再び運動へとつながっていく様子が観察されるようになります。自己維持のプロセスとともに、運動の生成も行われるようになったのです。

　基質分子は濃度勾配への反応という意味でのセンサーとしての役割を担うようになり、機能膜分子を通して、ゆるい形での感覚運動カップリングが生じていると見なすことができます。このような分子の拡散過程を通した、感覚運動カップリングは、実際に原始的な生物でも存在した可能性があることを示しています。

　SCL モデルやその改良モデルは非常に簡単なルールセットですが、このように構成的手法でシミュレーションしていくことで、自己形成や感覚運動系という生命の持つ自律性を、抽象的な生気論（生命には機械論的原理とは別の原理が働いているとする考え方）におちいらずに理解することができます。

3.1.3　フォン・ノイマンの自己複製オートマトン

　個という単位が定義されると、次に生命において大切な問いは、「自己複製」です。自己複製の問いを、哲学の問題から科学の問題に変換した人物が、フォン・ノイマンです。

　フォン・ノイマンは、生命の自己複製を考えるために「自己複製は機械にも可能か？」という問題を立てました。それは、あたかも数学の定理を証明するかのように、生命の自己複製を考える姿勢です。そこで、最初に考えたのは、水の上に浮かんだ木片を集めて自己複製するシステムでした。しかしこの考えは、数学者のスタニスワフ・ウラムによってダメ出しをされてしまいます。

　そして、次に、解釈をすると複製を作ることができる「マシン」と、解釈されずにそのままコピーされる「テープ」に分けることを思いつきます。「マシン」と「テープ」に分けるという考え方は、まさに DNA が行っていることと同じ方法なのですが、フォン・ノイマンは DNA が発見されるよりも先に、自己複製には自己を記述する「テー

プ」が必要であることを示していたのです。

　例えば大学生に「生命とは何か？」と聞くと、その多くは「DNA を持ち、細胞を持ったものが生命システムだ」と答えると思います。DNA は、世代にまたいで情報を受け渡すために必要です。受け継がれた DNA は、コンピュータのプログラムのように、それをコンパイルし、実行することで身体（タンパク質）を作り出すことができます。DNA が発見されるまでは、自己複製は多様に存在するタンパク質が担っていると考えられていました。その後、DNA の二重らせんこそがその秘密であるということが、ジェームズ・ワトソンとフランシス・クリックによって発見されました。

　フォン・ノイマンの考えにより、それまで抽象的な概念であった自己複製が、構成的に科学として扱えるものになりました。そうした意味で、このフォン・ノイマンの自己複製マシンは、自己複製に関する ALife の最初のモデルと位置付けることができます。

　ノイマンは、29 個の状態をとれる「セル」を二次元の格子状に配置して、1）状態間の移り変わりのルールと、2）空間的な初期配置を、セルラー・オートマトン上にデザインしました。

　図 3-7 が、その全貌です。初期配置は、「データ」（テープ）部分と、そのデータを解釈する「マシン」領域からなっています。右に長く伸びている部分がデータです。左のかたまりがマシン領域で、29 種類のセルを並べて作られています。

　データから情報を読み込んで、それをマシン部分に送り込み、デコード（解釈）し、セルを組み立てていきます。マシンには 5 つの組のセルが送られ、それが全部そろうまではデコードを開始しません。そのため「時間遅れの調節」が必要となり、その遅れを作るためにマシン部分の配置が複雑化します。

　この手順を経て、自分とそっくりのものを生み出すことで、自己複製が起こります。

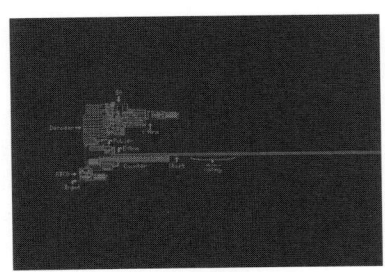

図 3-7　ノイマンの「万能製造機」

このノイマンのオートマトンは、「万能製造機」と言われます。つまり、テープにコードされたものは、何でも複製可能、ということです。いろいろな形をした領域が自己複製されますが、そこには本質的な複製領域があります。

もっとも、フォン・ノイマンの自己複製オートマトンが全体としてどういう形を持ち、それがちゃんと複製されるのかといったことは、おそらくフォン・ノイマン自身以外には誰も想像がつかないことでした。1995年になってはじめてコンピュータ上で万能製造機が具体的に構成されて、オートマトンが素描され、リアリティをもって人々の目に触れることになりました。

それを実装したのは、イタリアのペサヴェントとノビリです[18]。下の図3-8は、その後、ノビリたちによって作られた別バージョンの自己複製オートマトンです。

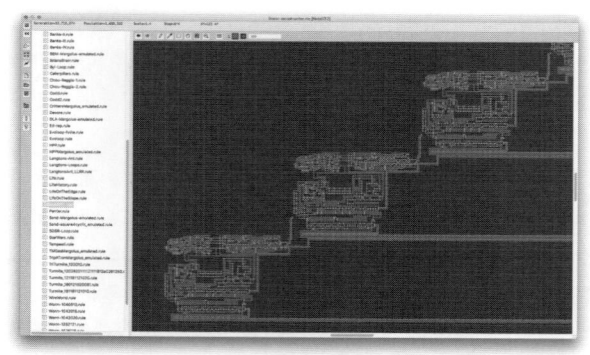

図 3-8　ペサヴェントとノビリによる実装
図はケンブリッジのアダム・グーカーによるパターンを使用

● Golly

ただし、ペサヴェントとノビリのオートマトンは、フォン・ノイマンのオリジナルの29状態オートマトンとは異なる32状態でした。その後ルールの改良を経て、2008年、ティム・ハットンによって29状態の自己複製オートマトンが提案されました。

この過程で、オートマトンのシミュレーターそのものにも、画期的な発展がありました。なかでも「Golly」と呼ばれるシミュレーターは、ハッシュアルゴリズムによってオートマトンの時間発展を加速することができます。これによって、実際にフォン・ノイマンの自己複製マシンが動き出す様子を観測することができます。

ここで、Gollyをインストールして、フォン・ノイマンの自己複製オートマトンを実際に走らせてみましょう。

プログラムの実行方法

こちらのサイトからダウンロードできます。
・**Golly サイト**：http://golly.sourceforge.net/

上記サイトには Windows/Mac/Linux、さらには iPad やアンドロイドでも走るソフトウェアがそれぞれ用意されています。ここでは Mac 版の Golly（Golly-3.1-Mac）を走らせてみます。

インストールし、Golly を立ち上げると次のような画面が現れます。

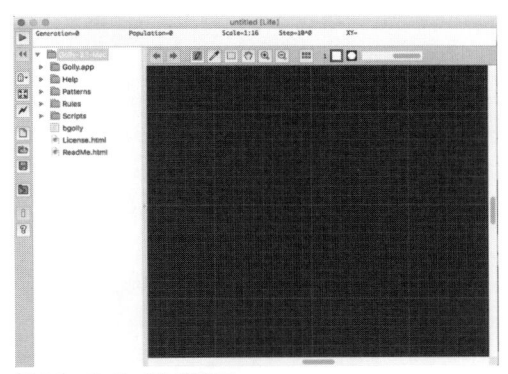

図 3-9　Golly の初期画面

画面左にあるディレクトリ一覧から、「Golly-3.1-Mac/Patterns/Self-Rep/JvN」フォルダを選びます。その中から「JvN-loop-replicator.rle.gz」をクリックすると、黒い画面にフォン・ノイマンの自己複製オートマトンの初期設定が現れます。

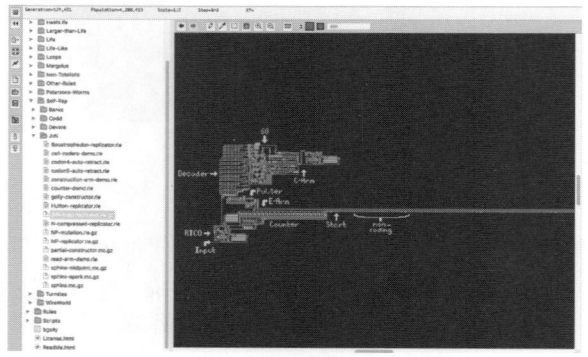

図 3-10　Golly 上の自己複製オートマトン初期設定

　テープの部分が非常に長いため、1 本の赤い線が見えます。ズームインしていくと、左端に図 3-11 に示すマシンの部分が現れます！

　画面左上の緑色の実行ボタン「Start generating」を押すと、自己複製がはじまり、アーム（C-Arm）に、マシンの部分から自己複製していく様子が見られます。

図 3-11　フォン・ノイマンの自己複製オートマトン

●その他のオートマトン

　ペサヴェントとノビリの自己複製オートマトンは、セルの数が 6,329 個、1 回の自己複製に必要な世代数が 6.34×10^{10} です。そして、バックリーの自己複製オートマトンはさらに複雑で、セルの数が 18,589 個、複製に必要な世代数が 2.61×10^{11} です。これはかなり複雑です。Golly での実装でも、自己複製が完了するまでにかなりの時

間を必要とします。

そこで、フォン・ノイマンの研究以来、研究者たちはできるだけ少ないセルで、単純なルールで動く自己複製オートマトンを追求してきました。そのうちのひとつが、コッドによる自己複製オートマトンです[19]。

これはノイマンのものとは違って、8つの状態を取るセルで自己複製を可能としています。しかし、そのために膨大な領域を必要としています。コッドのオートマトンは、22,254 × 55,601 個のセルを必要とします。その結果、1回の自己複製が完了するまでに、1.7×10^{18} ステップが必要です。これは、メモリを2ギガバイト積んでいるコンピュータで、1回の自己複製に千年かかってしまう計算です。

1984 年にクリストファー・ラントンは、ノイマンの自己複製オートマトンから「万能製造機」の基本条件をあきらめることで、86 個のセルからなる7状態で、限定された自己複製ができることを示しました（図 3-12）。

しかし、ラントンのオートマトンの世界では、限られたものしか自己複製できないのです。そうなってくると、実は鉱石の結晶成長と変わらなくなります。つまり、自明な自己複製は、オートマトンのルールを決定すると何が複製できるかがひとつに決まってしまうようなものです。そこには、たくさんのやり方は存在しません。

一方、オートマトンの規則が自己複製のユニットを一意的に指定できない場合、それを「非自明（nontrivial）」と考えます。少なくとも、自己複製の仕方が非自明であるという点は、重要です。そうでないと、地球上の自己複製できるパターンはひとつに決まってしまいます。

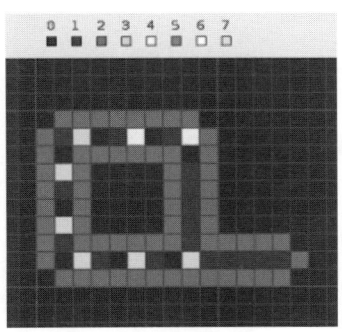

図 3-12　ラントンの自己複製オートマトン

3.2 ノイズに強い自己複製

　ここまで見てきた自己複製の方法は、デザインすることがとても難しく、状態を1ビット変えただけで自己複製ができなくなってします。

　繰り返しになりますが、このロバストネス（頑強性）の問題はとてもやっかいなものです。1ビットが何かの拍子に0から1、あるいは1から0にひっくり返されたら自己複製はできなくなりますが、もしもわれわれの身体の1細胞が変わった途端に死んでしまうとしたら大変です！

　現実にわれわれの細胞は、常に翻訳エラーを犯しています。エラーはノイズが原因の場合もあるし、増殖過程の不安定性からも起きます。現実世界はそうしたノイズやエラーにあふれているので、適切な修復能力がないと立ちいきません。

　現実の生物は、修復能力に長けています。しかし、それがないノイマンのオートマトンは、そのままの形では現実世界に移植できないのです。

　例えば、数学者のピーター・ガッチスが2001年に示したような、どんなノイズ下でも複雑な自己修復オートマトンのアルゴリズムが必要とされているのかもしれません[20]。

　ガッチスは一次元オートマトンにおいて、どんなノイズに対しても安定して自己修復できる規則が存在することを示しました。オートマトン無限階層に自分をシミュレートすることで元の階層の自己修復が可能となります。しかし、どんなノイズに対してもロバストにするために、某大なシミュレーションスペースが必要になってしまいます。実際に、最大でセルごとに2の293乗の状態数を必要とします。

　逆にガッチスの自己複製オートマトンを、フォン・ノイマンの自己複製オートマトンのデザインと合わせることで、現実世界に連れ出せるような自己複製オートマトンを作ることも可能になるかもしれません。

3.2.1 Gray-Scott モデルの化学反応系

　ノイズに強い複製子のもうひとつの例は、2章でも見た Gray-Scott モデルといった化学反応で作られる複製子です。

　Gray-Scott モデルは、ほとんどの可能なチューリングパターンをわずか2つの成分の化学反応系で生成します。そのなかに、自己複製する化学スポット（斑点）があります。化学スポットは、横から見ると、こんな形をしています。

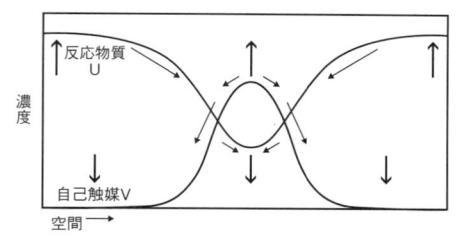

図 3-13 Gray-Scott モデルの化学スポット

反応物質 U が、その反応を触媒する V と一緒に作る、局在的な形です。二次元平面上では、次のようになります。

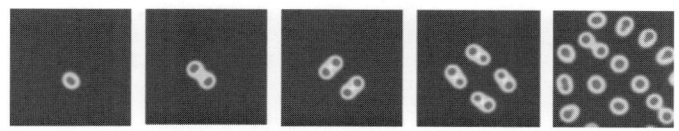

図 3-14 二次元平面上の化学スポット

このように、最初に置いたスポットが、倍々の分裂を経て増えていくさまがシミュレートできます。

この増殖過程は、フォン・ノイマンのような万能的な自己触媒性を持ちません。そのかわりに、ノイズには強い複製子です。Gray-Scott モデルは、現実的な化学反応ではありませんが、それでもオートマトンよりは現実的な、連続状態・空間・時間のモデルでも自己複製が可能であることを示しています。

しかし、Gray-Scott モデルの化学スポットは空間全体に広がった後、安定状態に落ち着いてしまい、それ以上スポットが増殖したり死んだりすることはないため、この複製もまた鉱石の結晶成長に限りなく近く見えてしまいます。そこで、Gray-Scott モデルを拡張し、空間を動き回りながら自己を複製する反応拡散系のモデルも提案されています [21][22]。これらの例はサンプルプログラムにありますので、実行してみましょう。

サンプルプログラムの実行方法

サンプルプログラムは、GitHubリポジトリのchap03ディレクトリにあります。移動して実行してください。

```
$ cd chap03
$ python rd_self_replication_1.py
$ python rd_self_replication_2.py
```

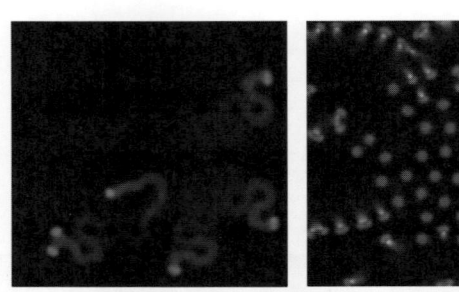

図 3-15　空間を動き回りながら自己複製を繰り返す化学スポットモデル

　これらは、Gray-Scott モデルで U と V の 2 種類だった化学物質を 3 種類に増やし、化学反応もまた変更されています。プログラムを 2 章の Gray-Scott モデルのものと比較してみれば、どのようなモデルになっているかがわかるでしょう。

　化学スポットは、自分の記述テープを必要としません。そんなものがなくても増えることができるのです。一方、その複製されるべき自己の情報はどこにも書かれていません。言うならば、その情報は、複製の反応方程式のパラメータの中にあります。複製されるべき情報はメタなので、複製されるスポットがアクセスすることはできません。複製子の記述がないために、複製子の進化は難しく、そういった意味ではやはり鉱石の結晶成長との違いは明確ではありません。オートポイエーシスの理論も、進化には言及できませんでした。

　自己複製と進化、情報の継承を生命システムの創発としてとらえるには、まだアイデアが不足しています。

3.2.2　実機の自己複製機

●ペンローズの実機ユニット

　実世界でのノイズに耐えられる自己複製を考えるために、最初から実世界で自己複製機を作ろうと試みた研究者もいます。それが、遺伝学者のライオネル・ペンローズと、彼の息子で物理学者のロジャーです。彼らは、バネとフックを利用して、簡単な

自己複製を示す組み立て木製おもちゃを作りました。

　おもちゃのユニットは、フック（爪）によって結合することができます。3つまでつなげて、4つ目をつなげると、フックがはね上がってユニットが2つに割れ、最終的に2つの複合的な複製ユニットができあがります。ぶつからないと自己複製ユニットはできあがりません。その意味で、ぶつかるという「ノイズ」は自己複製を邪魔するものではなくて、きっかけとなっています。

　このようにして、ユニットがぶつかり合いながら、その数を「自己複製」していきます。セルラー・オートマトンが純粋にアルゴリズムで作られる自己複製であるのに対して、ペンローズの自己複製機は、ノイズとユニットに取りつけられたフックで作り出される自己複製です。

　このペンローズの自己複製は、ゆらぐノイズの入った空間の自己複製です。

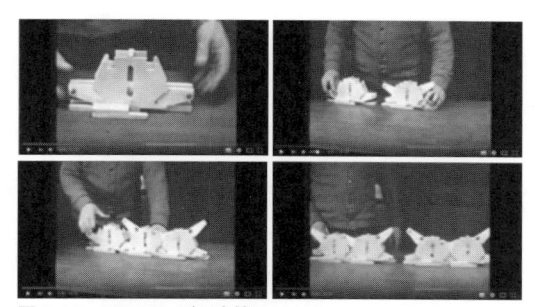

図 3-16　ペンローズの実機ユニット
「Automatic Mechanical Self Replication」（https://www.youtube.com/watch?v=2_9ohFWR0Vs）より引用

●ナサニエルとクリサンタの実機ユニット

　そこで化学者のナサニエルとクリサンタは、2012年に二次元の形が作り出す自己複製機を提案しました[23]。

　エアホッケーの台の上で、コウモリのような形のユニットが走り回ります。動力は、エアホッケーコートの縁にそってつけられた扇風機です。

図 3-17　ナサニエルとクリサンタの実機ユニット
文献 [23] より引用

　コウモリに見えるものは、動力部分にピボット（旋回軸）を使い、あとは磁石とゴムで作られたユニットです。それが、図 3-17 にあるように白と黒の 2 種類あり、ペンローズのフックと同じように回転しながら特異的に形を合わせて合体することができると、ペンローズのような複製ユニットが生まれます。

　注目すべきは特異的な合体を与えるコウモリのような形の設計です。この形は、遺伝的アルゴリズムで進化して特異性が生まれるように作られています。その意味では、フォン・ノイマンのような万能複製子ではありませんし、テープもありません。遺伝的アルゴリズムでいろいろなタイプの形を用意、それらをランダムに選んでトライアル＆エラーを繰り返していくと、ある形が自己複製を繰り返す状態が創発してきます。

　単純な形だと、どんなものとでもつながってしまい、ひとつの大きなかたまりになってしまいます。「反応の特異性」を進化させることで、ある決まった形だけが組合わさって自己複製することを許しています。その意味でこれは、ラントンの複製子と同様に、万能な複製子ではないが、非自明性があるということです！　ここでいう非自明性とは、答えが簡単にはわからないが重要な何かがある、という意味です。

　また、こうしてガチャガチャと動き回る世界での自己複製でも、ノイズに対するロバストネスは必要です。ノイズによって組み合わさろうとしても、きちんとペアが組み合わないと合体しない形の特異性がロバストネスを保証するということです。

　逆に問題なのは、進化の可能性です。頑強すぎる自己複製は結晶成長に近く、まったく進化しません。そのことを、次の節で見てみましょう。

3.3 自己複製と進化

　自己複製は生命システムの半分の側面でしかなく、もう半分の重要な側面は、進化することです。

　40億年前に地球が誕生し、水が地球の表面を形成しはじめると、自分自身を複製できる分子が登場しました。これが、進化の夜明けです。自己複製できる個が出現すると、自然選択がはじまります。つまり、複製した子孫のうち、環境とよりよく適応できる優勢なものだけが生き残っていきます。

　これまで、ロバストな自己複製について議論してきました。どんなに精密なモデルを作っても、それがノイズやエラーに対してロバストでなければ、現実世界に降り立つことはできません。フォン・ノイマンの万能製造機における自己複製が実際には不可能なのは、それが巨大なセルラー・オートマトンの格子の、非常に繊細な初期配置でできあがっているからです。そこに1ビットでもノイズが入ると（つまりその配置がひとつでも違ってしまうと）、もう自己複製できなくなってしまいます。

　しかし同時に、進化するためには、ロバストすぎてもいけません。ロバストすぎるシステムは、効率よく指数関数的に自己増殖してしまい、システム全体を窒息死させてしまいます。例えば、エサが豊潤な水域ではプランクトンが大量発生してしまい、生態系は窒息します。生態系全体が壊れないように、多様性を保つ仕組みが必要です。

　進化において自己複製と多様性は相反する関係にあり、自己複製の問題は、適応の度合いをダイナミックに変化させるので、生態系全体で議論することによってはじめて、その意味がわかります。

3.3.1 「テープとマシン」モデル

　生態系の視点からノイズと進化の関係を見たのが、池上らの行った「テープとマシン」の研究です[24]。

　フォン・ノイマンのマシンでは、テープに書かれたことをマシンがそのまま読むことを前提としています。しかし、生物の進化を考えた時、テープの情報を読むマシンは、個によって異なるのではないか、そこには自己のゆらぎが発生するのではないか、と考えました。そうした時、何が複製され、どのように進化していくのか、ということを見るためのモデルが「テープとマシン」です。

　「テープとマシン」モデルは、情報が書いてあるテープと情報を読み取るマシンから構成されています。

　マシンは、大きく分けて「ヘッド」（頭）、「テール」（尾）、「遷移表」の3つから構

成されています。これらは、ビット列として与えられます。またテープも、ビット列からなる円環状のテープです。マシンはテープを調べ、マシンのヘッドとテールに書かれているビットと同じビットパターンがテープ上に見つかると、ヘッドからテールの間を「リーディング・フレーム」とし、そこを読んでテープを「複製」します。読み取る時に「遷移表」を見て、遷移表のルールに従って「翻訳」することで新しいテープを作ります。

遷移表の内容によっては、同じテープが作られたり、違うテープが作られたりすることもあります。遷移表に従って違うテープを作ることは、決定論的で積極的な変異であるので、「アクティブ変異」と呼ばれます。変異にはもうひとつ「パッシブ変異」があり、確率的な外部からのノイズによって、遷移表には従わずにテープを書き込んでしまうことを指します。

マシンが遷移表を持ち、そのルールによって同じテープからも異なるテープが作られるという考えをモデルに入れたこと、つまり自己にはゆらぎが存在するとしたことが、フォン・ノイマンの自己複製マシンと大きく異なる点です。

このようにして作られたテープは、その内容に従ってそのテープが作る（コードする）マシンを作ります。

以上のようなマシンとテープが、多数存在する生態系世界をシミュレーションしていきます。それぞれのマシンとテープは、その数に比例して増加し、古いマシンとテープはある一定の割合で消滅していきます。

結果として、どのようなテープがマシンをコードし、どのようなマシンがテープを読み取るかが決まり、自己複製が起こるかを観察することができます。

3.3.2　コアネットワーク

「テープとマシン」モデルでは、外部ノイズがあまりない状況、つまりパッシブ変異があまりない状況では、最小限の自己複製ネットワーク（すなわち、ひとつのテープがひとつのマシンをコードし、そのマシンがそのテープを完全に複製できる）に側鎖（ノイズからテープが時々生まれる）が付いたような簡単なネットワークしか存在しないようになります。

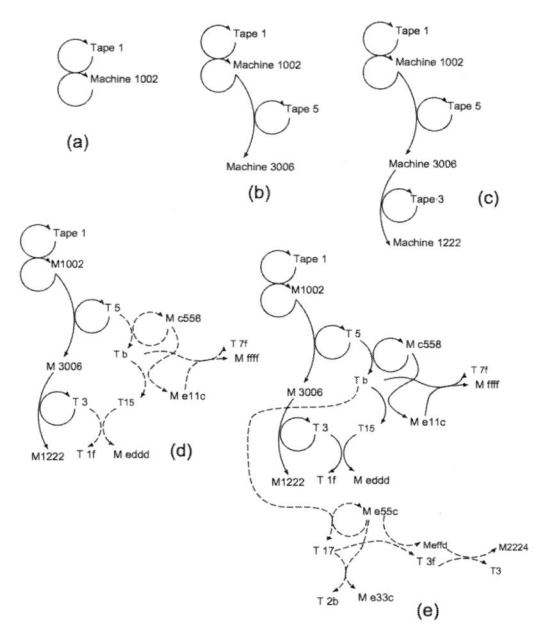

図 3-18　最少限の自己複製

　図 3-18 のように、外部変異（パッシブ変異）が小さい場合は、(a) (b) (c) を行ったり来たりしますが、基本は Tape1 と Machine1002 がペアで、M1002 が Tape1 をコピーし、Tape1 は M1002 をコードしています。しかし外部ノイズが上昇すると、あるノイズ以上でネットワークの複雑化が始まります (d) (e)。

　外部ノイズを少し多くすると、簡単で小さな自己複製ネットワークに、他のマシンが作ったテープによって作られるマシンが作られるようになるのです。この変異によって、親のマシンの数が減りますが、親の現象により生み出されるマシンの数も減り、またそれによって親の個の数が増えるという振動を繰り返すことになります。

　さらに外部ノイズを少し多くすると、それ自体は単独では存在できない、他者に寄生して自己複製するネットワークが出てきます。興味深いのは、こうした寄生種は、パッシブ変異率が高くなりやすいという点です。パッシブ変異は、マシンによるテープの複製に失敗することを示しています。つまり、失敗することによってはじめて、全体の複製が可能になるということです。

　そして、全体が安定した後に外部ノイズを取り除いても、アクティブ変異だけで、つまり決定論的な書き換えだけで、全体の自己複製（同じテープとマシンの集団）を維持することができるようになります。ランダムなノイズで作られていたテープの書き換えとそこからのマシンの複製を、プログラムが模倣して進化アルゴリズム的なエラーへと進化するようになる、ということです。このように、完全にプログラム的な書き換えで維持されるネットワークを「コアネットワーク」と呼びます。

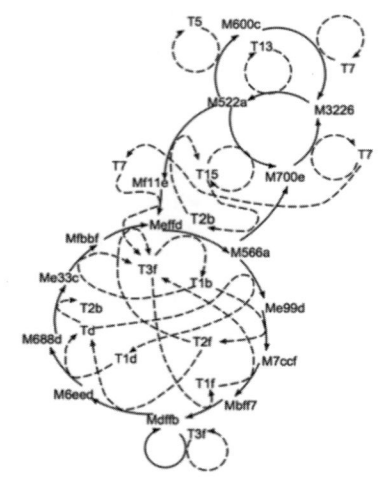

図 3-19　コアネットワークの例
文献 [24] より引用

　はじめはひとつの自己複製であったものは、コアネットワークにおいては、ネットワークの自己複製、というレベルに進化したことになります。

　これは、微生物は外部ノイズによる突然変異の影響を受けやすいけれど、高等な生物ほど外部ノイズを押さえ込む働きを持っている事実と照らし合わせても興味深いことです。進化の初期段階では、外部ノイズによると突然変異（パッシブ変異）が重要な進化の駆動力となり、高度な生物になるほど積極的なアクティブ変異が進化の駆動力であったと考えられます。

　別の見方をすると、外部ノイズが高くなると、テープの書き間違いが多くなるけれど、ノイズが臨界濃度を超えると、あまりにも間違いが多いので間違い方そのものをプログラムとして持ってしまうようになる、自己複製から他己複製に、つまりＡが

Aを作るのではなくて、AというシステムがBを作り、BというシステムがAを作るようになる、とそのようにとらえます。

　ノイズが高い時は、自己を作らずに、壊れにくい「他者」を作っていくというロジックが、ネットワークとして生成されるのです。私たち人間も人と話したり、つき合ったり、あるいは年を重ねるとともに、複製されるべき自己もどんどん変わっていきます。自己は守るだけでなくて、拡張することによって、複製されるべき自己が変わっていくのです。インターネットにもし自己があるならば、物理的に変化しつづけるネットワーク上には創発する自己のパターンが複製されることでしょう。

　こうした複製するネットワークが、自己を曖昧にして環境変化に対するロバストネスを獲得し、全体として複製に至るものが自然界にもあります。特にRNAウィルスなどですが、それを「準種（quasi-species）」と言います。

　「テープとマシン」では、エラーが大きくなると、もはや自己複製から他己複製フェーズへと転移する、という準種の創発を見ることができます。準種は、これまでの生命＝自己複製の考えをすでに更新しています。複製は自己のみでは完結せず、エラー（変異）を作る他者を含めたネットワークとしてはじめて成り立つのです。

　これまでの進化ゲーム理論では、利己的なエージェントの集団でいかに協調的な振舞いが出現するか、それを進化の理論として考えてきました。しかし、インターネットや最新の技術発展の様子を見ても、こうした自己複製を観察するネットワークによるモデル世界の実験を見ても、起こりつつあるのは協調的で公共的なシステムの進化であると言えそうです。いずれにせよ、まったくの人工の世界でこのような可能性としての進化のロジックが追いかけられることが、ALifeの強みと言えるでしょう。

参考文献

[16]Varela, Francisco J.; Maturana, Humberto R.; Uribe, R., Autopoiesis: the organization of living systems, its characterization and a model, Biosystems, vol5, p.187-196, 1974. one of the original papers on the concept of autopoiesis. 邦訳『オートポイエーシス─生命システムとは何か』H・R・マトゥラーナ、F・J・ヴァレラ著／河本英夫訳／国文社（1991年）

[17]Keisuke Suzuki and Takashi Ikegami, Shapes and Self-movements in Autopoietic Cell Systems, Artificial Life, vol.15, no.1, p.59-70, 2009.

[18]Pesavento, U., An implementation of von Neumann's self-reproducing machine, Artificial Life, vol.2, no.4, p.337-354, 1995.

[19]Codd, Edgar F., Cellular Automata, Academic Press, New York, 1968.

[20]https://link.springer.com/article/10, 1023/A:1004823720305.

[21]Virgo, Nathaniel David., Thermodynamics and the structure of living systems, Diss, University of Sussex, 2011.

[22]Froese, Tom, Nathaniel Virgo, and Takashi Ikegami, Motility at the origin of life: Its characterization and a model, Artificial life, 20.1, p.55-76, 2014.

[23]N Virgo, C Fernando, B Bigge, P Husbands, Evolvable physical self-replicators, Artificial life, 18 (2), p.129-142, 2012.

[24]Ikegami, Takashi.; Hashimoto, Takashi., Active Mutation in Self-Reproducing Networks of Machines and Tapes, Artificial Life, 1995, vol.2, no.4, p.305-318, 1995.

4 章
生命としての群れ

　個体が生まれ、自己複製ができるようになると、その集団は群れを形成しますが、今度は群れそのものがひとつの個体のように振る舞います。ALife の分野では、自律的に動いている個体同士が協調しながら動作する時、集団そのものの行動のパターンや構造が「創発」するメカニズムが追究されてきました。

　この章では、鳥の群れのシミュレーションであるボイドモデルを動かしながら「群れ」の本質に迫り、集団の創発現象という観点がインターネットにおける集団知の生成、ひいては社会システム全般におけるコミュニケーションの問題にもつながる流れを見ていきましょう。

4.1　創発現象

　歴史家デヴィッド・クリスチャンはそのエッセイの中で、「創発」が最も美しい科学的なアイデアであると述べています。

　創発現象とは、自律的に動く個体間の協同現象の結果、自己組織的にパターンや構造が現れる現象を指します。例えば、生物の形や模様の形成といった自己組織化から、鳥や昆虫の群れのように、個体間の局所的な相互作用を通じて、集団として高度な動きを見せる現象など、自然界の生命には創発現象が多く存在します。

　ALife の研究の歴史の中でも、創発を生み出すメカニズムについての研究は多くあります。

　これまでの章で見てきたフォン・ノイマンのセルラー・オートマトンや、アラン・チューリングに端を発する反応拡散系モデルも、そのミクロな相互作用の結果、パターンや構造として創発現象が現れる例です。その他にも、アリの群れが巣からエサのある場所までの最短経路を見つけ出す創発現象を模倣した計算方法（アリコロニー最適

化）や、魚や鳥の群れの中で、1匹がよさそうな経路を発見すると、群れの残りはどこにいてもすばやくそれにならうことができる創発現象を模倣した計算方法（粒子群最適化）といった応用があります。

　ALife の創発現象モデルで、エポックメイキングなモデルは、間違いなくクレイグ・レイノルズが 1986 年に提案した「ボイド（Boids）」モデルでしょう[25]。ボイドとは bird-oid、つまり「鳥っぽいもの」を意味する造語です。

　ボイドモデルは、3つの簡単なルールから群れを作り出すことができるアルゴリズムです。このレイノルズのアプローチは、当時のコンピュータアニメーションに使用されていた従来のコンピュータグラフィックス（CG）技術を大きく前進させる画期的な方法でした。それまでは、多くの物体の動きを表現する場合、それぞれの物体の制御はクリエイターの手によって設定しなくてはならず、非常に困難な作業だったのです。

　レイノルズのボイドモデルは、群れの形成や移動を効率よく自動的に制御することを可能にしました。ボイドモデルが提案された翌年の 1987 年には、CG 短編アニメーション『Stanley and Stella in: Breaking the Ice』に用いられ、注目を浴びました。その後、ティム・バートン監督によるハリウッド映画『バットマン リターンズ』（1992年）で、コウモリの群れやペンギンの群れのシーンに用いられました。

　レイノルズの提案後、ボイドモデルには、より複雑で生命らしい動きを生み出すためのさまざまな改良が加えられています。例えば、群れを作る時に恐怖といった感情の影響を組み込んだモデルや、実際の鳥の群れのように外からの危険を察知した鳥がリーダーとなり、群れを危険から避けるといった力を導入したモデルが提案されています。

　こうした群れのコンピュータアニメーションの技術を集結した有名なソフトウェアが「MASSIVE」です。MASSIVE は ALife を学んだ天才プログラマーのステファン・レジェラスによって作られ、映画『ロード・オブ・ザ・リング』のオークの群れによる大規模な戦闘シーンを表現するためなど、映画やゲーム作品で幅広く使われています。

4.2　ボイドモデル

　それでは、早速、コード chap04/boids.py を走らせながらボイドモデルを理解していきましょう。

　ボイドモデルにおけるそれぞれの個体は、位置と向きを持っており、「分離」、「整列」、「結合」の３つのルールに従って動きます。

・「分離」（SEPARATION）
　周りの個体とぶつからないように離れる。
・「整列」（ALIGNMENT）
　周りの個体と同じ方向に飛ぶように合わせる。
・「結合」（COHESION）
　周りの個体の中心方向へ向かうように向きをそろえる。

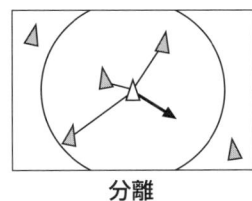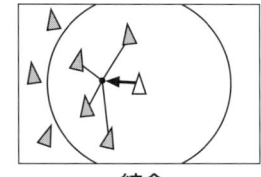

分離　　　　　　　整列　　　　　　　結合

図 4-1　ボイドモデルのルール

　これらの３つのルールのそれぞれには、力の大きさ、相互作用する相手までの距離と見える角度を決定するパラメータがあります。このパラメータを変更すると、さまざまな群れのパターンが現れます。
　プログラムを実行させてみて、図4-2のような絵が現れて動きはじめたら成功です。はじめはバラバラに飛び回っている個体が群れが形を作るまでには、少し時間がかかるかもしれません。なお、変数 N で個体の数を指定しますので、お使いのマシンパワーに応じて変更してみてください。

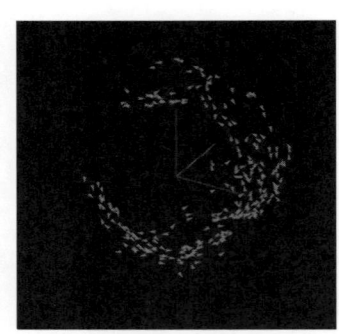

```
パラメーター：
# 力の強さ
COHESION_FORCE = 0.008
SEPARATION_FORCE = 0.4
ALIGNMENT_FORCE = 0.06
# 力の働く距離
COHESION_DISTANCE = 0.5
SEPARATION_DISTANCE = 0.05
ALIGNMENT_DISTANCE = 0.1
# 力の働く角度
COHESION_ANGLE = np.pi / 2
SEPARATION_ANGLE = np.pi / 2
ALIGNMENT_ANGLE = np.pi / 3
```

図 4-2　ボイドモデル

　三角形で表された各個体は、位置と速度の情報を持っています。

　位置は配列 x、速度は配列 v に格納しています。シミュレーションの空間は三次元ですので、配列 x には個体数×3（縦・横・高さ）の二次元配列を用意します。配列 v も三次元空間での各個体の速度です。x の位置でのボイドが持つ、結合（COHESION）、分離（SEPARATION）、整列（ALIGNMENT）の3つの力から速度 v は計算され、そこに格納されています。位置と速度の初期値は簡単にするため、x、y、z 成分にランダムな値を持たせています。

```
# 位置と速度
x = np.random.rand(N, 3) * 2 - 1
v = (np.random.rand(N, 3) * 2 - 1 ) * MIN_VEL
```

そして、どのような群れが作られるかは、次の9つのパラメータで決定されます。

```
# 力の強さ
COHESION_FORCE = 0.008
SEPARATION_FORCE = 0.4
ALIGNMENT_FORCE = 0.06
# 力の働く距離
COHESION_DISTANCE = 0.5
SEPARATION_DISTANCE = 0.05
ALIGNMENT_DISTANCE = 0.1
# 力の働く角度
COHESION_ANGLE = np.pi / 2
SEPARATION_ANGLE = np.pi / 2
ALIGNMENT_ANGLE = np.pi / 3
```

さらに、ボイドの振る舞いを決定する重要なパラメータとして、取りうる速度の範囲があります。

```
# 速度の上限 / 下限
MIN_VEL = 0.005
MAX_VEL = 0.03
```

速度に上限と下限を設けることで、際限なく加速したり、1 カ所に吸引されて止まってしまったりすることを防いでいます。実際の鳥も、出せる最高速度や飛行のための最低速度があると考えられるので、その表現とも考えられます。

これら9つのパラメータを使って個々のボイドの動きをwhile文の中で計算しています。

```
while visualizer:
    for i in range(N):
        # ここで計算する個体の位置と速度
        x_this = x[i]
        v_this = v[i]
        # それ以外の個体の位置と速度の配列
        x_that = np.delete(x, i, axis=0)
        v_that = np.delete(v, i, axis=0)
        # 個体間の距離と角度
        distance = np.linalg.norm(x_that - x_this, axis=1)
        angle = np.arccos(np.dot(v_this, (x_that-x_this).T) / (np.linalg.norm(v_this) *
np.linalg.norm((x_that-x_this), axis=1)))
        # 各力が働く範囲内の個体のリスト
        coh_agents_x = x_that[ (distance < COHESION_DISTANCE) & (angle < COHESION_
ANGLE) ]
        sep_agents_x = x_that[ (distance < SEPARATION_DISTANCE) & (angle < SEPARATION_
ANGLE) ]
        ali_agents_v = v_that[ (distance < ALIGNMENT_DISTANCE) & (angle < ALIGNMENT_
ANGLE) ]
        # 各力の計算
        dv_coh[i] = COHESION_FORCE * (np.average(coh_agents_x, axis=0) - x_this) if
(len(coh_agents_x) > 0) else 0
        dv_sep[i] = SEPARATION_FORCE * np.sum(x_this - sep_agents_x, axis=0) if
(len(sep_agents_x) > 0) else 0
        dv_ali[i] = ALIGNMENT_FORCE * (np.average(ali_agents_v, axis=0) - v_this) if
(len(ali_agents_v) > 0) else 0
        dist_center = np.linalg.norm(x_this) # 原点からの距離
        dv_boundary[i] = - BOUNDARY_FORCE * x_this * (dist_center - 1)/ dist_center if
(dist_center > 1) else 0
```

```
# 速度のアップデートと上限 / 下限のチェック
v += dv_coh + dv_sep + dv_ali + dv_boundary
for i in range(N):
    v_abs = np.linalg.norm(v[i])
    if (v_abs < MIN_VEL):
        v[i] = MIN_VEL * v[i] / v_abs
    elif (v_abs > MAX_VEL):
        v[i] = MAX_VEL * v[i] / v_abs
# 位置のアップデート
x += v
visualizer.update(x, v)
```

　この中で、COHESION、SEPARATION、ALIGNMENT の各力を計算しています
が、それぞれ手法は同様なので、COHESION を例にとって説明しましょう。

　まずは、for 文の内部で今注目している i 番目のボイドの位置や速度と、それ以外
のボイドの位置や速度を取得してから、個体間の距離と角度を計算します。

```
distance = np.linalg.norm(x_that - x_this, axis=1)
angle = np.arccos(np.dot(v_this, (x_that-x_this).T) / (np.linalg.norm(v_this) *
np.linalg.norm((x_that-x_this), axis=1)))
```

　ここで、x_that、distance、angle はどれも配列となっていることに注意してくだ
さい。つまり、distance[j] は、i 番目と j 番目のボイド間の距離が入っていることに
なります（正確には、この配列には i 番目のボイド自身は入らないので、j が i より
大きい場合はひとつ分ずれます）。

　その後、力が働く範囲内にいるボイドを抜き出します。

```
coh_agents_x = x_that[ (distance < COHESION_DISTANCE) & (angle < COHESION_
ANGLE) ]
```

　最後に働く力のベクトルを求めます。

```
dv_coh[i] = COHESION_FORCE * (np.average(coh_agents_x, axis=0) - x_this) if
(len(coh_agents_x) > 0) else 0
```

　範囲内に個体がいない場合は働く力が 0 ですが、その場合は上で求めた coh_
agents_x が空になっているはずですので 3 項演算子で判定しています。

　SEPARATION、ALIGNMENT も同様の方法で計算していますが、最後の力の計算式が違います。

　COHESION は、周りの個体の中心方向に向かおうとする作用です。周りの個体の中心位置を計算し、自分自身の位置との差分に対して、結合力（COHESION_FORCE）を掛けた値で与えられます。

　SEPARATION は、周りの個体とぶつからないようにする作用です。周りの個体から等しく力を受けると想定して、他の個体と自分の位置の差分を計算し、それらを足した値に対して、分離力（SEPARATION_FORCE）を掛けた値で与えられます。

　最後の ALIGNMENT は、COHESION、SEPARATION が距離を扱っていたのに対し、周りの個体の平均速度ベクトルと自分の速度ベクトルの差分に対して、整列力（ALIGNMENT_FORCE）を掛けた値を用いています。

　サンプルプログラムでは各力の強さは、

```
COHESION_FORCE = 0.008
SEPARATION_FORCE = 0.4
ALIGNMENT_FORCE = 0.06
```

という値を与えています。

　COHESION_FORCE が小さい値（0.008）となっているため、弱い結合力で集まります。SEPARATION_FORCE は値が 0.4 と、COHESION_FORCE に比べて大きいのですが、各個体との差分から値を求めているため、相互作用半径は小さくなっており、あまり近づきすぎた場合のみ、反発力（分離力）が働きます。ALIGNMENT_FORCE は、COHESION_FORCE や SEPARATION_FORCE のように距離ではなく、速度を元に計算しているので値の次元が異なります。

　ここまででボイドモデルの本体の実装は終わりですが、実際にシミュレーションを行ううえでは境界条件も重要な要素となります。

　つまり、上の条件だけでは空間は無限に広がっているので、個体はバラバラに飛び去ってしまうことがほとんどなのです。サンプルプログラムではこれを防ぐために、原点から半径1の球から出た個体には距離に比例した中心力が働くようになっています。

　これにより、シミュレーション空間の原点付近に個体群を閉じ込めておくことができるので、群れの生成を助けることができます。

```
    dist_center = np.linalg.norm(x_this) # 原点からの距離
    dv_boundary[i] = - BOUNDARY_FORCE * x_this * (dist_center - 1) / dist_center
if (dist_center > 1) else 0
```

という部分がその力の計算です。この力も3つの力と同様、最後に速度に加えています。

他にも周期境界条件（右端から出た個体は左端から現れる）もよく使われ、実装も簡単です。

ボイドモデルが作り出す群れのパターンは複雑で多様に見えますが、その振る舞いによって、sawrm、torus、dynamic parallel group、highly parallel group の大きく4つに分類するという試みもなされています [26]。

swarm パターンは、ひとつに固まった群れを作りますが、群れ自体はあまり移動せず、内部で各個体はさまざまな方向に動き回っています。torus パターンは、各個体が集まって輪を作り、グルグルと回転する群れです。dynamic parallel group は、swarm のようにひとつにまとまりますが、群れ自体がダイナミックに移動していきます。highly parallel group は、群れの個体が同じ方向を向いて整列し、直進的な運動をするパターンです。

ここでも、9つのパラメータを変更して、群れのパターンがどのように変化するかを見てみましょう。

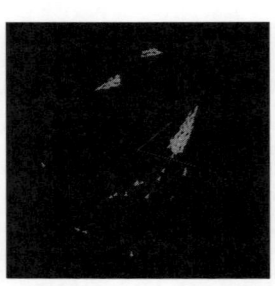

```
# 力の強さ
COHESION_FORCE = 0.2
SEPARATION_FORCE = 0.10
ALIGNMENT_FORCE = 0.03
# 力の働く距離
COHESION_DISTANCE = 0.5
SEPARATION_DISTANCE = 0.08
ALIGNMENT_DISTANCE = 0.1
# 力の働く角度
COHESION_ANGLE = np.pi / 2
SEPARATION_ANGLE = np.pi / 2
ALIGNMENT_ANGLE = np.pi / 3
```

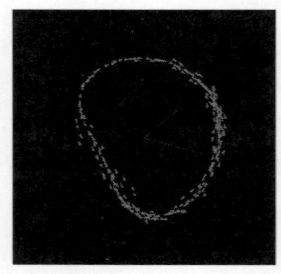

```
# 力の強さ
COHESION_FORCE = 0.005
SEPARATION_FORCE = 0.5
ALIGNMENT_FORCE = 0.01
# 力の働く距離
COHESION_DISTANCE = 0.8
SEPARATION_DISTANCE = 0.03
ALIGNMENT_DISTANCE = 0.5
# 力の働く角度
COHESION_ANGLE = np.pi / 2
SEPARATION_ANGLE = np.pi / 2
ALIGNMENT_ANGLE = np.pi / 2
```

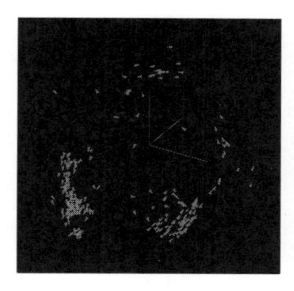

```
# 力の強さ
COHESION_FORCE = 0.008
SEPARATION_FORCE = 0.5
ALIGNMENT_FORCE = 0.05
# 力の働く距離
COHESION_DISTANCE = 0.2
SEPARATION_DISTANCE = 0.04
ALIGNMENT_DISTANCE = 0.3
# 力の働く角度
COHESION_ANGLE = np.pi / 2
SEPARATION_ANGLE = np.pi / 2
ALIGNMENT_ANGLE = np.pi / 2
```

```
# 力の強さ
COHESION_FORCE = 0.002
SEPARATION_FORCE = 0.5
ALIGNMENT_FORCE = 0.01
# 力の働く距離
COHESION_DISTANCE = 0.8
SEPARATION_DISTANCE = 0.05
ALIGNMENT_DISTANCE = 0.5
# 力の働く角度
COHESION_ANGLE = np.pi
SEPARATION_ANGLE = np.pi / 2
ALIGNMENT_ANGLE = np.pi / 2
```

図4-3　ボイドモデルのさまざまなパラメータによる振る舞い例

　さて、このボイドモデルはローカルな相互作用のみから、群れというマクロなパターンを創発させます。しかし、いったんできあがった群れは、維持されるとは限りません。群れと思わしきパターンは、群れ同士の衝突によって生成と消滅を繰り返します。プログラムを長く走らせていると、群れのパターンの生成と消滅を観察することができます。

　このように、群れというのは自己組織化して現れ、そもそも不安定なダイナミクスを持つものです。でも、そのおかげで、敵に襲われた時にすぐにアクションを取るなど、すべての個体が臨機応変に振る舞うことができます。

　群れの応答は、その群れの個別の性質というよりも、周りにどのような群れがいるかと関係がありそうです。つまり、群れというのは個別の群れの集まりではなくて、群れの集団の中のそれぞれの群れ、ということです。そのため個々の群れ同士は、お互いに影響し合うことで保たれていると言えます。

　それでは、群れを保つためには、どういった工夫が考えられるでしょうか？

　ひとつは、目的を持たせることです。ボイドモデルは、何か目的があって運動しているモデルではありません。しかし、生物には、集団となることで生まれる「群知能」

や「集団知」と呼ばれる知性が見られることがあります。

　例えば、アリの合理的な判断が群れを作ることで増幅されるようなものです。アリが新しく巣を作ろうとする際に集団を作ることで、偽物の場所があってもそれを無視して、より最適な巣の場所を選ぶことができるという実験があります [27]。

　ボイドモデルには、集団知という概念もありません。群れのダイナミクスは、純粋に運動力学的なものです。

　そこで、ボイドモデルに、例えば「エサ」という「目的」を導入することで群れに飛んでいく方向の目標を与えることができます。

　エサを導入したプログラムは、こちらです。

サンプルプログラムの実行方法

サンプルプログラムは、GitHubリポジトリのchap04ディレクトリにあります。
移動して実行してください。
```
$ cd chap04
$ python boids_prey.py
```

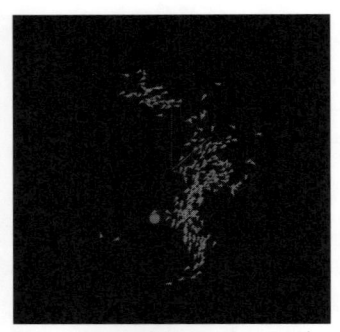

図 4-4　エサを導入したボイドモデル

　図 4-4 のオレンジの点が、新たに導入した「エサ」です。各ボイドは、エサとの距離に反比例した強さの力がエサの方向に働くようにしています。つまり、遠いほどエサに引き寄せられる力が弱く、近いほど強くなります。エサから遠いとあまりエサが見えないので、そんなに急がないというメタファーです。

　基本のボイドモデルとの違いは、まず新たにエサに向かう力と定期的にエサの位置

を更新するインターバルの時間の定数、さらにエサの位置に保存する変数を用意します。

```
# エサに吸引される力と動かす間隔
PREY_FORCE = 0.0005
PREY_MOVEMENT_STEP = 150
# エサの位置
prey_x = np.random.rand(1, 3) * 2 - 1
```

また、エサからの距離に反比例してエサに向かう力を各ボイドに与えているのが、以下の部分です。

```
# エサへの吸引力を加える
v += PREY_FORCE * (prey_x - x) / np.linalg.norm((prey_x - x), axis=1,
keepdims=True)**2
```

np.linalg.norm((prey_x - x), axis=1, keepdims=True) は、norm 関数で、エサ（prey）と各ボイドとの距離を計算しています。そして、(prey_x - x) は各ボイドからエサの位置までのベクトルですので、これを距離の2乗で割ることによって、エサの方向を向いており、距離に反比例した大きさの力を求めることができます。

最後に、定期的にエサの位置をランダムに更新し、エサの表示を Visualizer に指示しています。

```
if t % PREY_MOVEMENT_STEP == 0:
    prey_x = np.random.rand(1, 3) * 2 - 1
    visualizer.set_markers(prey_x)
t += 1
```

この部分は、連続的にエサの位置を動かす、ボイドから逃げるなど工夫をしてみると面白い振る舞いが見れるかもしれませんので、挑戦してみてください。

ここではエサを導入し、すべてのボイドを同じ方向に向かわせましたが、さらに障害物を置いたり、ボイド同士の位置関係に相互作用を加えたりといった、さまざまな展開が考えられます。

4.3 創発と生命の進化プロセス

ここまで、ボイドモデルを使ってローカルな相互作用が作り出す群れという創発現象を見てきました。しかし、ボイドモデルでの 3 つのルールは、進化の結果、創発したものではなく、レイノルズによって与えられたものです。

一方、生物の創発現象はおそらく進化の賜物です。進化のダイナミクスの中で創発を生み出すメカニズムが何なのかは、これまでのところ説明されていません。創発が起こる条件を突き詰めるほど、創発は生命そのもののように見えてきます。

それでは、単純にボイドの数を増やしてみたらどうなるでしょうか？ 昨今のコンピュータの力を使えば、100 万匹のボイドを飛ばすこともできるのです。

スーパーコンピュータを使って、ボイドモデルの個体の数を、1 千、1 万、10 万、50 万と密度を一定にしたまま上げ、シミュレーションを走らせてみました [28]。それが、次の図 4-5 です。

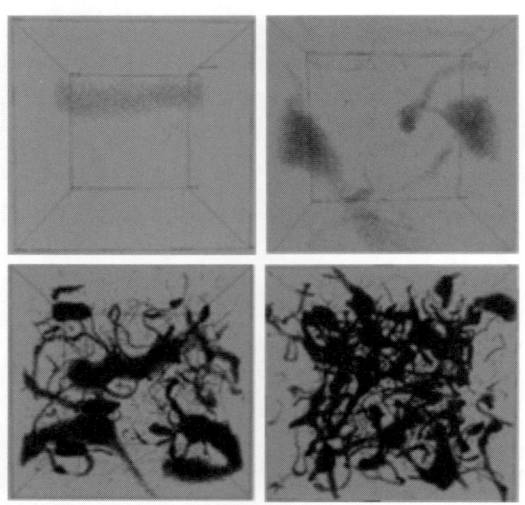

図 4-5　巨大な群れのボイドモデル
文献 [28] より引用

そうすると、数千を超えたあたりから新しい群れの運動がはじまります。丸いかたまりの群れと、ヘビのようにうねった細い群れが出現します。それらがお互いに相互作用しながら空間に分布するようになってきます。さらに、群れの中の個体の動きに注目すると、小さい群れでは見られない動きがあることがわかりました。

　小さい群れの中の個体は、隣りとそろうルールに従ってまっすぐに動くことがほとんどですが、数を大きくした巨大な群れの中で個体はランダムに飛び回っています。しかし、巨大な群れの表面に上がってきた個体はその速度を増し、そろって飛んでいきます。このような運動の多様化と分化が、個体数を大きくしただけで見られるのです。

　個体の数を増やすと、そのぶんシステム全体の実行的な自由度が増します。その結果、小さい群れでの自由度には見当たらなかった複雑な動きが生成されるのではないかと考えられます。

　このように、個体の数をとても増やすと、ミクロな相互作用が群れを創発するだけでなく、群れがミクロの相互作用を変化させるという、マクロな現象がミクロな運動の原因になる新しい現象が見られました。しかし、ここで個体のボイドは自分で進むことのできる、ただの粒子です。内部構造は何も持っていません。どんな生物個体も持っている、複雑な化学流体や神経細胞ネットワークも入っていません。

　そこで次に行ったのが、個体の内部に人工神経細胞モデルを持たせ、進化アルゴリズムを使って進化させようということです。その結果、群れを作る運動が進化してくるかどうか（あるいはレイノルズの3つのルールが出現するかどうか）を見てみようという実験です[29]。

　この実験では、エサ場に到達できるかどうかを進化の適応度関数（6章を参照）として与えました。その結果、群れを作ることでエサ場に行き着きやすくなり、結果として群れを作る行動を進化させることができました。

　このモデルで見つかった面白い結果として、群れを作るまでは個体の多様性は少なく、群れができるようになった途端に多様性が生まれることがあげられます（図4-6）。群れを作るという適応度地形を登り詰めた後は、平らで中立な平原になっているということです。つまりは適応度に差がないので、多様性が一気に増すということです。

　しかし、さらに進化をこのまま続けると、群れの運動が凡庸（エサにまっすぐ向かっていくだけ）になってしまいました。このままではエサ場に到達できるという目的に変わるような新たな目的を生み出すことはできないため、創発現象は群れを作り出したところで終わってしまい、そこからは進化することはありません。次々と新たな創発現象が生じることを「多段階創発」といいますが、それを外から適応度地形を変更せずに起こすことは今のところ難しいのです。

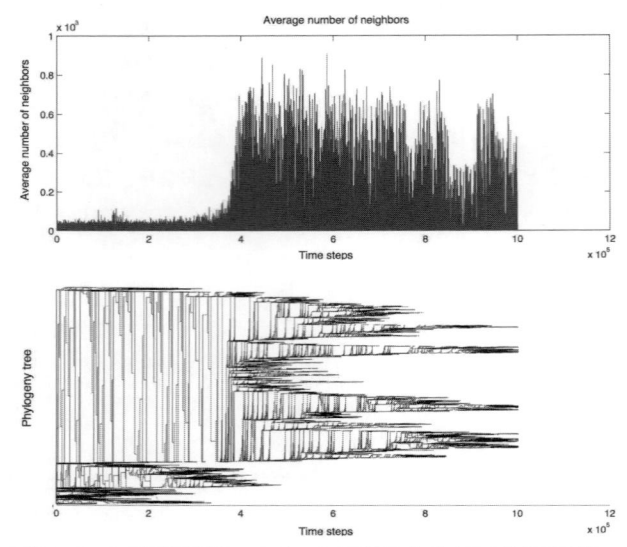

図版 4-6　人工神経細胞ネットワークを搭載したボイドの進化系統樹
文献 [29] より引用

4.4　ネットワークとしての創発

　理論生物学者で複雑系の研究者スチュアート・カウフマンは、創発現象の理解を一歩進めた「隣接可能領域（adjacent possible）」という概念を提唱し、それを生物進化の源泉としています [30]。

　隣接可能領域とは、実際に存在するすべてのモノ・コト（アイデア、技術、商品、分子、ゲノムなど）から1ステップ離れた領域のことを指します。新しいものが作られる時はいつでも、隣接していた可能性のある部分が現実化され、それゆえに新しく隣接する領域が広がる、という考え方です。

　サイエンスライターのスティーブン・ジョンソンは、『イノベーションのアイデアを生み出す七つの法則』の中で、隣接可能領域を次のように説明しています [31]。

　　隣接可能性とは、未来の影のようなもので、ものごとの現状というか、現在から作り替えられる、あらゆる形の地図のへりの上に止まっている。（略）隣接可能性が教えてくれるのは、世界にはいつでもとてつもない変化をする力があるとしても、一定範囲の変化のみが起こりうるということである。（松浦俊輔訳）

　つまり、新しいモノ・コトは、決してランダムに起こるのではなく、カウフマンが隣接可能領域と呼ぶものの中へ広がっていく性質があるということです。そして、「新たな組み合わせが見つかるたびごとに、別の新たな組み合わせが隣接可能性の領域に呼び込まれる」というわけです。こう見ていくと、隣接可能領域はまさに、進化プロセスとしての創発ととらえることができそうです。

　隣接可能領域を作っていくものは何でしょうか?

　ひとつは、ジョンソンが TED トーク「よいアイデアはどこで生まれる?」で「An idea is a network（アイデアとはネットワークである）」と述べているように、ネットワークという集団が考えられます。

　これは、集団になることで生まれる知性ということでしょうか?

　自然界には集団行動をとる生物がたくさんいます。例えばハチやアリといった社会性昆虫はその代表でしょう。集団になることで知性的になるものもあれば、その逆もあります。群れを作ることで創発されるアリの合理的な判断といったものは、そのポジティブな例でしょう。

　しかし、アリがお互いに出すホルモンを追いかけて大きな渦を作り、死ぬまで行進し続ける例もあります。これは、集団になることで非合理な行動をとる例です。ハチの場合や魚の場合にも、集団知には良い点と悪い点があります。

　ボイドモデルは、集団知という観点からはこれまで研究されていませんが、今のところは集団を作ることで生まれる新たな知性や創造性というものは見つかっていません。ただし、この群れの運動を使った新しい解探索の粒子群最適化アルゴリズムも知られています。

　人の場合はどうでしょうか?　人は社会的な動物です。その社会性は、さまざまなメディアによって進化させられます。昨今ではインターネットによって、集団はさまざまに更新され続けています。インターネット上にはいろいろなウェブサービスが立ち上がり、それによって新しいコミュニティが作られています。

　アリやハチから、ウェブサービスに至る集団知を統一的に見ていく視点を求めて、次はウェブサービスを詳細に調べてみましょう。

4.4.1　ウェブサービスの集団知

　ここでインターネットにおけるウェブサービスを使うと、もう一歩進んだ集団が生む知について議論することができます。それは、集団知を「新規性を生成する媒体」として定義するものです。

　知性には、記憶や知覚、学習と並んで「新規性の生成」という大事な要素があります。新規性とは、これまでにない新しいパターンや構造を作り出すことです。新規性が、ウェブサービスでどう作られていくのかを分析してみたことがあります [32]。

　分析対象は、RoomClip（ルームクリップ）株式会社が運営する「RoomClip」というインテリア写真のソーシャル・ネットワークサービスです。

　ユーザーは、部屋のインテリアの写真を、いくつかのタグのセットとともに投稿でき、他のユーザーの投稿に「いいね」したり「お気に入りとして保存」したりできるサービスになっています。

　例えば、RoomClip で新しく投稿される「タグ」を新規性と定義し、どのように新しいタグが生まれているかを見てみました。

　新規タグの生成率を見てみると、サービスが開始された時から、時間とともに減少していきます。しかし、それぞれの時点での生成率を見ると、サービスがはじまってからある時点で、その割合が急激に立ち上がることがわかります（図 4-7）。新規タグの急激な増加は、ひとつにはユーザーのネットワーク構造の変化にあると考えられます。

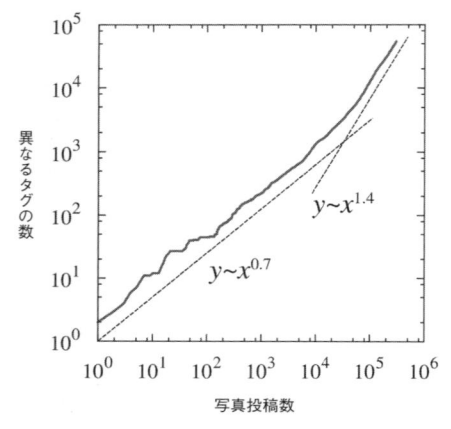

図 4-7　写真の投稿数に対する異なるタグの数の変遷
文献 [32] より引用

　そこで、ユーザーのネットワークを描いてさらに分析してみます。ネットワークの描き方として、ユーザー間の距離を測り、その距離が近い場合には線で結んであげます。ここでは、距離の定義として、ユーザーがある時期までに使ったタグの集合が似

ているかどうかを用います。それが似ているほど距離が近い、すなわち近いユーザーということになります。

そこには、「コア」（核）と「ペリフェラル」（周辺）の構造があることがわかります。核は、密な相互作用で作られたネットワークで、周辺部は、弱いネットワークでつながったものです。

それぞれの領域での新規タグの生成率を調べると、たくさんの他のユーザーとつながった領域（高次クリーク）で、新規タグ生成率が高いことがわかりました。

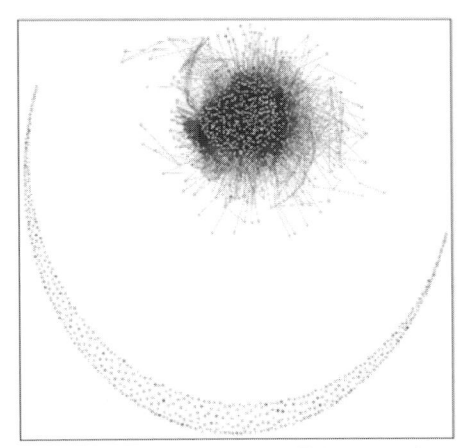

図4-8 ユーザーネットワークに見られるコアとペリフェラル
文献 [32] より引用

なぜ核の部分で新規タグの生成率が高いかを考えてみると、ここでの解析の解釈から、似たようなユーザーのネットワークが作られると、そこに集団的にいろいろなアイデアを生む作用があるということが言えるようです。このことは一般的な実感とは逆に思えます。通常は、多様な人を集めることでアイデアが出ると言われます。しかし、ここでは逆に、一様な人の集団の方が新しいアイデアを生み出しやすいというわけです。

これは、カウフマンの隣接可能性理論に関係していると思われます。つまり似たようなユーザーが参入することで、ユーザー間ネットワークの構造が核と周辺部を持ち、新規タグがいくつも生まれる、あるいは「いいね」の数が波状的に増減するいくつかのイノベーションの波がやってくる——そういうストーリーが考えられます。

4.4.2　創発を作り出すメカニズム

　サイズが大きくなるだけで、ボイドモデルでは新しい群れの構造が生まれ、ウェブサービスの場合には、そこにネットワークとしての特徴が加わることで、新しい世界の「切り取り方」（タグ）がどんどん作られはじめるようです。集団が大きくなると、そこにイノベーションのタネが生まれることは、人の集団が集団知として創造性も持つという意味で、注目に値すると思います。

　例えば、多細胞生物の個体を作る細胞ひとつひとつに賢さはないのですが、多細胞生物としての個体は、下のレベルとは質的に異なる学習能力や知覚を示します。あるいは、単細胞レベルにおいても細胞内部の化学反応とは比べられない複雑な行動を示すことから、その化学状態から生命状態への遷移は「創発的である」と言えます。

　こうした遷移が創発的であり、いわゆる物理化学系でよく論じられる自己組織化や相転移現象と異なるのは、そこで生まれた構造やパターンが最終生成物ではなくて、次のものを作るためのステージとなっているためです。カウフマンやジョンソンらによって論じられてきた、あるステージが次のステージを生み、新しいものは前に作られた新しいものをベースに生まれる、という隣接可能性理論そのものです。

　とはいえ、新規に生まれるものの系譜には何か継承されるものがある、というわけではありません。大事なのは、それがいわゆる「かけハシゴ」的なものとしてのパターン生成である点なのです。

　新規に作ったものとは関係なく新しいものを作り出すのではなく、新しいものをベースに次の新しいものを作り、そのために使ったハシゴは取りはずしてしまう、ということです。集団で作ったものが次に新しく作るためのベースになるという意味で、その新規性を作り出す性質は、単独の個体の性質にあるのではなくて「集団性」に宿ります。

　これは創発現象を作り出すためには、ある程度以上は巨大で複雑なネットワークにしないといけない、ということなのかもしれません。そうすることでより進化的なものが生まれやすくなるのです。少なくともウェブのサービスでは、そのように観察できます。

　インターネットに見られる現象は、生物進化に続く2番目の創発現象例として、また創発現象のメカニズムを理解するための重要な実験のプラットフォームとなっていくかもしれません。

参考文献

[25]Reynolds, Craig W., Flocks, herds, and schools: A distributed behavioral model, Proceedings of the 14th Annual Conference on Computer Graphics and Interactive Techniques (SIGGRAPH'87), 1987.

[26]Collective Memory and Spatial Sorting in Animal Groups, J. theor. Biol., vol.218, p.1-11, 2002.

[27] Sasaki T, Pratt SC. 2001 Emergence of group rationality from irrational individuals. Behav., Ecol., vol.22, p.276-281. (doi:10.1093/beheco/arq198)

[28]Takashi Ikegami; Yoh-ichi Mototake; Shintaro Kobori; Mizuki Oka; Yasuhiro Hashimoto, Life as an emergent phenomenon: studies from a large-scale boid simulation and web data, Phil.Roy.Soc., vol.375, p.1-15, 2017.

[29] Olaf Witkowski, Takashi Ikegami, Emergence of Swarming Behavior: Foraging Agents Evolve Collective Motion Based on Signaling, PLoS ONE, vol.11, no.4, 2016, e0152756.

[30]Kauffman, Stuart., At Home in the Universe : the search for laws of self-organization and complexity, Oxford University Press, 1995.
邦訳『自己組織化と進化の論理』スチュアート・カウフマン著／米沢富美子訳／日本経済新聞社（1999 年）『自己組織化と進化の論理―宇宙を貫く複雑系の法則』米沢富美子監訳／ちくま学芸文庫（2008 年）

[31]Johnson, S., Where good ideas come from: the natural history of innovation, Riverhead Books, New York, 2010.
邦訳『イノベーションのアイデアを生み出す七つの法則』スティーブン・ジョンソン著／松浦俊輔訳／日経 BP 社 (2013 年)

[32]Takashi Ikegami; Yoh-ichi Mototake; Shintaro Kobori; Mizuki Oka, Yasuhiro Hashimoto, Life as an emergent phenomenon: studies from a large-scale boid simulation and webdata, Phil.Roy.Soc., vol.375, p.1-15, 2017.

5章
身体性を獲得する

　デカルトの「心身二元論」（身体機械説）以降、近代科学は脳と身体を分けて考えてきましたが、20世紀の科学の進展の結果、知性と身体性は分離できないことがわかってきました。

　身体性を持たない生命個体は存在しませんが、同時に、実際の生命個体と同様に世界の中を生きられる身体性が実装されたシミュレーションやロボットなどの人工システムもまだ存在しません。コンピュータ・シミュレーションの中だけではなく、実世界の中で生命的な挙動を持ったALifeを作るには、身体性の問題は避けて通れません。

　この章では、ロボットの身体というテーマを飛躍的に発展させたブルックスのサブサンプション・アーキテクチャを振り返り、実際にそのシミュレーションを実行しながら理解していきます。そのうえで、身体と脳の共進化というテーマについて考察していきます。

5.1　サブサンプション・アーキテクチャ

　ALifeの研究の歴史で、偉大な貢献をした研究者のひとりに、MIT名誉教授でロボット工学者であり、世界的なロボット会社iRobot（アイロボット）社やRethink Robotics（リシンク・ロボティクス）社の創業者である、ロドニー・ブルックスがいます。

　ブルックスが研究するロボットは、完全に自律性を持った人工生命体を目指すという点で、ALifeの研究が目指していたものと共通していました。実際、ブルックスは、ALife研究が最も盛んだった1980〜90年代のALifeコミュニティの中心人物のひとりでした。この時期にブルックスが考え、iRobot社の掃除ロボット・ルンバ（Roomba）にも実装されている仕組みが、「サブサンプション・アーキテクチャ（subsumption architecture）」です[33]。

　ブルックスはこの論文で、それまでの人工知能の研究を痛烈に批判しました。そして、それまで人工知能の世界で主流だった問題解決の枠組みでは動くロボットが作れないという現実を何とか打破するために提案したのが、ロボットの動くオルタナティブな仕組みであるサブサンプション・アーキテクチャです。

5.1.1　ブライテンベルク・ビークル

　ブルックスのサブサンプション・アーキテクチャの根源にあるのは、「表現」と「認知」はそれを観察する観察者の心（内部状態）にしか存在しない、という考え方です。

　こうした考えは、ブルックスの他にも、ヴァレンティノ・ブライテンベルクが『Vehicles: Experiments in Synthetic Psychology』（1984 年）（『模型は心を持ちうるか—人工知能・認知科学・脳生理学の焦点』） [34] の中で非常にエレガントに語っています。

　ここでブライテンベルクは、センサー、モーター、ワイヤーから作られる、簡単なメカニズムで動くロボット実験を紹介しています。これは、少しずつコンポーネントを追加していくと、ロボットが積極的に動いているように見えたり、臆病になっているように振る舞うようになったりする実験です。

　このモデルは、「ブライテンベルク・ビークル（Braitenberg's Vehicle）」と呼ばれ、簡単なプログラムで実装することができます。もちろん、これらはロボットの動作についてあらゆる種類の推測を行うことができる、人間という観察者の解釈でしかありません。

　ブライテンベルク・ビークルのコードを走らせながら、その仕組みを見ていきましょう。

サンプルプログラムの実行方法

サンプルプログラムは、GitHubリポジトリのchap05ディレクトリにあります。
移動して実行してください。
```
$ cd chap05
$ python braitenberg_vehicle.py
```

　このプログラムを走らせると、2 つの距離センサーと 2 つの車輪を持った青いエージェントが、灰色の障害物を避けながら動きます。

　エージェントから出ている線が、距離センサーの範囲です。オリジナルのブライテ

ンベルク・ビークルは光センサーで明るいところを好む／嫌うという振る舞いを実現していましたが、本サンプルプログラムではこれを周囲の物体までの距離がわかる距離センサーで置き換え、障害物を避ける／壁にくっつくというように変更しています。

エージェントは、複雑な電気回路を持っているわけでも、内部状態を持っているわけでもなく、2つの距離センサーから入ってくる値のみによって、右と左にひとつずつ着いている車輪のスピードを変化させ、右に曲がったり、左に曲がったりして、障害物を避けることができてしまうのです。

それでは、その内部を見ていきましょう。

```python
# simulator の初期化 ( 付録参照 )
simulator = VehicleSimulator(control_func, obstacle_num=5)

while simulator:
    # 現在のセンサー情報を取得
    sensor_data = simulator.get_sensor_data()
    # ブライテンベルグ・ビークルの内部
    left_wheel_speed  = 20 + 20 * sensor_data["left_distance"]
    right_wheel_speed = 20 + 20 * sensor_data["right_distance"]
    # アクションを生成してアップデート
    action = [left_wheel_speed, right_wheel_speed]
    simulator.update(action)
```

まず、ブライテンベルク・ビークルのような簡単なロボットであっても、現実世界に降り立たせるにはロボットの車輪の振る舞いや摩擦、障害物との衝突などをシミュレーションする必要があります。しかし、これらの物理シミュレーションはブライテンベルク・ビークルの仕組みを紹介するうえでは本質的ではありませんので、本サンプルプログラムでは VehicleSimulator というクラスにまとめてあります（詳細は巻末の付録を参照してください）。

ブライテンベルク・ビークルの「内側」は、while 文の中でセンサー値の取得と車輪の速度の決定という流れで実装されています。

まず、VehicleSimulator クラスの get_sensor_data() メソッドは、現在のセンサー値を返します。具体的には、

```python
{
    "left_distance": left_distance_sensor_value
    "right_distance": right_distance_sensor_value
}
```

といった Python の辞書形式で、各距離センサーの値が返されます。距離センサーは、範囲内にものがなければ 0、存在する場合は近づけば近づくほど 1 に近い値を返します。この距離センサーの値を用いて車輪の速度を決定するのが以下の部分です。

```
left_wheel_speed  = 20 + 20 * sensor_data["left_distance"]
right_wheel_speed = 20 + 20 * sensor_data["right_distance"]
```

　右の距離センサーの値は右車輪に、左の距離センサーの値は左車輪につながっています。

　このようにセンサーからの入力を車輪の動きにつなげてあげる単純な構造で、障害物を避ける動きを作ることができます。例えば、図 5-1 のように右の距離センサーが障害物を感知している場合を考えましょう。

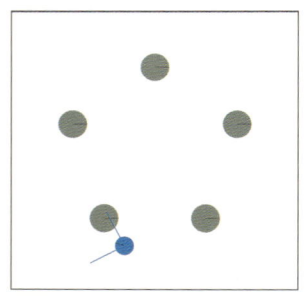

図 5-1　ブライテンベルク・ビークル
（右の距離センサーが障害物に当たる）

　上で述べたように、距離センサーには障害物に近づけば近づくほど大きな値が入りますので、この例では、右の距離センサーの値は、左の距離センサーの値より大きくなります。

　それぞれの車輪のスピード（wheel_speed）は、距離の値に比例するように式（20 + 20 * sensor_data）で与えられているので、入ってくるセンサーの値が大きいほど、車輪のスピードは速くなります。結果、右車輪のスピード（right_wheel_speed）の方が、左車輪のスピード（left_wheel_speed）よりも速くなり、エージェントは左に曲がります。

　つまり、右の距離センサーが障害物に当たると左に曲がり、左の距離センサーが障害物に当たると右に曲がり、あたかも壁や狭いところを嫌がっているかのように振る

舞います。このように、計算回路や内部状態を持たなくても、まるで意図を持っているような動きを作れることをブライテンベルクは示しました。

5.1.2 ブルックスの並列化アプローチ

ブライテンベルク・ビークルのすぐ後に発表されたサブサンプション・アーキテクチャですが、これが登場する前の主流の考え方は、複雑な問題をいくつかの層に分割して解決するのがよいとされていました。

例えば、ある地点からある地点まで移動するロボットを作るのであれば、「認識（perception）」から「行動（action）」に至るために、vision 層で画像や動画を認識し、map 層で部屋の地図を作り、detect 層で障害物を検知、経路層で経路を決定して行動に移すというように、「直列」に行動を設計しようとします。そして、それぞれの層のモジュールの精度を向上させ完璧なものにすれば全体として動く、というように考えられていました。

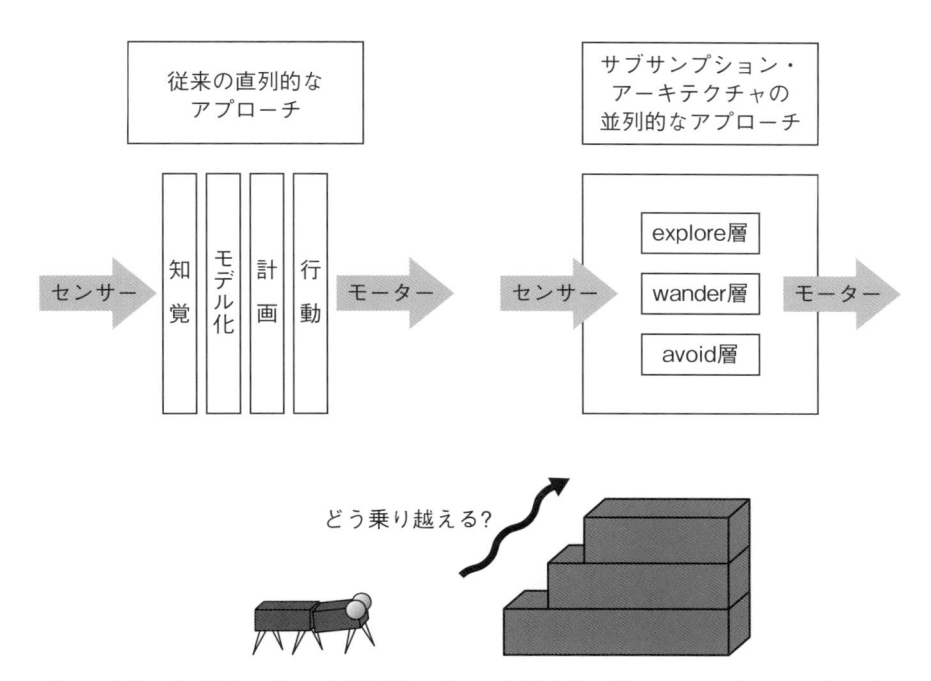

図 5-2　従来の直列的なアプローチと並列化アプローチ（サブサンプション・アーキテクチャ）の違い
谷口忠大「人工知能概論 15」（https://www.slideshare.net/tadahirotaniguchi0624/15-46861789）を参考に作成

　しかし、このように直列に別々に作成していても、それが全体としてちゃんと動くかはわかりません。そして実際、このアプローチでは、ある地点からある地点に障害物を避けて移動するというタスクをロボットに行わせることもできませんでした。そこでブルックスが考え出したのが、それぞれのモジュールを並列化すると同時に、各層それぞれに「認識」と「行動」を持たせるというアプローチです（図 5-2）。

　ブルックスは「進化」をアナロジーとし、最低限必要な機能を実現する層を作り、その上に層を重ねていくことで、複雑な振る舞いをするロボットが作れるようになる、と考えました。そしてそれを実装し、世界ではじめて障害物を避け、目的地までたどり着いて空き缶のゴミを捨てるというロボット Herbert（図 5-3）を作り、彼の主張が正しいことを証明しました [35]。

　シンプルなサブサンプション・アーキテクチャの例は、「avoid 層」、「wander 層」、「explore 層」の 3 階層から構成することができます。

　最も基本的なモジュール avoid 層は、「衝突を回避する」ことを満たすように動くだけのモジュールです。このモジュールは、他のモジュールと独立して動作することができます。

　2 つ目の wander 層では、ロボットが「ランダムに動き回る」行動を作ります。この動作は、下位レベルの衝突を回避する動作を「包含（subsume）」し、状況に応じてその働きを抑制します。通常は、衝突を回避する動作が作動していますが、何もない状態が続くと、下位レベルの avoid 層が抑制され、ランダムに動き回る行動をしはじめます。

　3 つ目の explore 層では、「目的地の方向に向かう」動作を行います。例えば、赤外線センサーを検知してセンサーの ON/OFF メッセージを他のモジュールに伝えるといったモジュールを作成することで、赤外線の方向に向かうという目的を実装することができます。

　普段は、avoid 層、そして wander 層が作動していますが、赤外線を検知して explore 層が必要になった時、同様に下位層を抑制し、explore 層が作動します。

図 5-3 Herbert ソーダ缶収集ロボット
「cyberneticzoo.com」 (http://cyberneticzoo.com/
cyberneticanimals/1986c-herbert-the-collection-
machine-brooks-connell-ning-american/ より引用。
(ハーバートの名前は人工知能のパイオニアであるハー
バート・サイモンにちなむ)

　このように、ロボットは階層の階層で構成された「脳」を持っており、それぞれの階層は下の階層よりも複雑な機能を実行します。より高いレベルの層は、その出力を抑制することによって、より低いレベルの役割を包含することができます。同時に、下位レベルは、上位レベルが追加された後も変わらず機能し続けます。

　この方法は、「包含構造」と呼ばれ、原始的な層が基本的な機能（例えば呼吸）を扱い、高水準の層がより複雑な機能（例えば抽象的な思考）を扱う私たち自身の脳の働きにおおよそ似ています。

　ブルックスのスキームは、既存の操作可能なレイヤーに新しいレイヤーを追加することで、ロボットの動作の段階的な構築を可能にし、ロボットの進化を可能にしているのです。また、特定の動作が損傷を受けても、各層は独立でも作動するため、ある程度機能することができます。

　サブサンプション・アーキテクチャの考え方に基づいて作ったブルックスの代表作が、現在スミソニアン博物館所蔵となっている「ゲンギス（Genghis）」というロボットです（図5-4）[36]。

　ゲンギスは、6本の足を持ちまるで本物の昆虫のような動きをします。昆虫たちが歩く様子をビデオで見ていたブルックスは、平坦ではない場所で、しばしば足を踏み

はずし転びかけていることに気づきました。それまでは、研究者たちの誰もが歩行ロボットは常にバランスを保つ必要があると考えていましたが、ブルックスはロボットに転ばせたらどうか、昆虫たちが実際にそうであるように歩くというよりも地表と格闘するとでもいうように動かしたらどうかと考え、ゲンギスの発明につながりました。

図 5-4　ゲンギス

5.1.3　層を重ねるシミュレーション

　また、ブルックスのサブサンプション・アーキテクチャは、「有限オートマトン」という有限個の状態とその間の遷移から作られています。

　有限オートマトンは、基本動作が実装された単純なモジュールで作られていて、並列に動きます。これは同時に、それまでの多くの処理能力が必要だったロボットと比べて、とても安いコストで作れることを意味しています。

　これまでの常識にとらわれないブルックスの設計思想は、ルンバの設計にも多く見てとれます。ルンバ以前の掃除ロボットは、壁や障害物にぶつからないようにすることを前提に作っていました。ルンバはその常識をくつがえし、ぶつかることを前提としているのです。

　ルンバはバンパーがついていて、それが物理的にぶつかり、ぶつかったパターンから、その障害物が何かを推測しています。行き当たりばったりでぶつかり、部屋全体の地図を把握しながら、まんべんなく部屋を掃除できるように地図を作成していくのです。そのため、ぶつかっても家具を傷つけない、そしてルンバそのものも壊れないようにハードウェアが設計されているのです。

　それでは、サブサンプション・アーキテクチャをより理解するためにシミュレーションを動かしてみましょう。avoid 層、wander 層、explore 層と重ねていった時の振る舞いを見ることができます。

● avoid 層

まずは、avoid 層のみの振る舞いです。

ソースコード中の最後の変数の部分が以下のようになっているか、確認してから実行してください。

```
#####################
# change architecture
#####################
controller = AvoidModule()
#controller = WanderModule()
#controller = ChaosWanderModule()   # ワンダーモジュールの内部にカオスを入れる
#controller = ExploreModule()
```

赤いエージェントは、2つの距離センサーを持っています。灰色の物体が障害物です。エージェントは障害物に当たっていない時は、直線状に動くという動作をします。そして、エージェントの距離センサーが障害物に当たると、「避ける（avoid）」動きが見られます。これは、ブライテンベルク・ビークルとメカニズムは同じです。

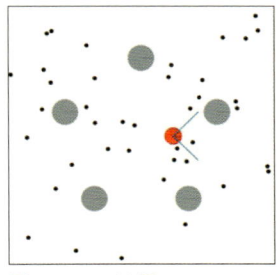

図 5-5　avoid 層

● wander 層の追加

次に、avoid 層に重ねて wander 層を追加してみましょう。

以下のようにソースコードを変更して、実行してください。

```
######################
# change architecture
######################
#controller = AvoidModule()
controller = WanderModule()
#controller = ChaosWanderModule()  # ワンダーモジュールの内部にカオスを入れる
#controller = ExploreModule()
```

　すると、障害物にぶつからずにある一定時間走っていると、それまで avoid 層しか動いていなかったため、直線にしか動いていなかったエージェントの wander 層が発動し、「動き回り（wander）」はじめます。wander 層が発動している時は、エージェントの色が赤から緑に変わります。そして、障害物に距離センサーが当たると、avoid 層が起動し、障害物をきちんと避けることができます。

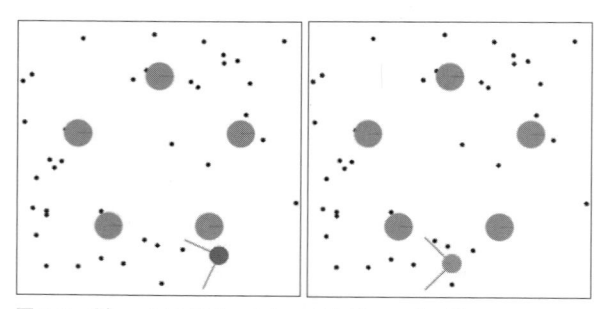

図 5-6　左) avoid 層のみ、右) avoid 層＋wander 層

　wander 層のソースコードを見てみましょう。

```
class WanderModule(SubsumptionModule):
    TURN_START_STEP = 100
    TURN_END_STEP = 180
    def on_init(self):
        self.counter = 0
```

```
        self.add_child_module('avoid', AvoidModule())

    def on_update(self):
        if self.get_input("right_distance") < 0.001 and self.get_input("left_
distance") < 0.001:
            self.counter = (self.counter + 1) % self.TURN_END_STEP
        else:
            self.counter = 0

        if self.counter < self.TURN_START_STEP:
            # counter が TURN_START_STEP に達するまでは下位のモジュールを抑制しない
            self.set_output("left_wheel_speed",  self.child_modules['avoid'].get_
output("left_wheel_speed"))
            self.set_output("right_wheel_speed", self.child_modules['avoid'].get_
output("right_wheel_speed"))
            self.set_active_module_name(self.child_modules['avoid'].get_active_module_
name())
        elif self.counter == self.TURN_START_STEP:
            # ランダムに左回りか右回りを決定して車輪の速度をセットする
            if np.random.rand() < 0.5:
                self.set_output("left_wheel_speed",  15)
                self.set_output("right_wheel_speed", 10)
            else:
                self.set_output("left_wheel_speed",  10)
                self.set_output("right_wheel_speed", 15)
            self.set_active_module_name(self.__class__.__name__)
        else:
            # counter がリセットされるまでは車輪の速度はそのまま
            pass
```

wander 層は、ステップ数を数えるカウンター（counter）を持っています。初期化関数（関数 on_init）で counter は 0 にセットされ、同時に、avoid モジュール（AvoidModule）を子モジュールとしてセットします。

カウンターは、障害物に当たらずに経過したステップ数を保持します。最初は avoid 層で動いているため、直線の動きしかせず、障害物に当たった場合は障害物を避けます。

もし、一定時間（TURN_START_STEP）障害物に当たらなかった場合は wander 層が発動し、さらに一定時間（TURN_START_STEP から TURN_END_STEP まで）、右か左にランダムに旋回します。つまり、この間は avoid 層は抑制されるのです。ただし、旋回の途中であっても障害物に触れると、avoid 層が直ちに発動し、障害物は

回避されます。

　左右どちらの距離センサーも障害物に当たっているかいないかは、閾値 0.001 で判断しています。障害物に当たらない間は、counter はひとつずつカウントアップされ、障害物に当たると、0 にリセットされます。また、旋回が終わり、counter がTURN_END_STEP に達した時も 0 にリセットされ、最初の状態に戻ります。

　counter の値が 100（TURN_START_STEP）より小さい間は、avoid 層の左右の車輪速度が全体の左右の車輪速度として設定されます。この間、wander 層はカウントアップをするだけで、外部には何もしないということです。そして、counter の値が 100 ちょうどになると、2 分の 1 の確率で右回りか左回りが決定され、それに応じて左右の車輪速度がそれぞれ 20 か 30 の値に書き換えられます。

　その後は、障害物に当たって counter が 0 に書き換えられるか、counter が 180（TURN_END_STEP）に達して 0 に戻るまでは車輪の速度は変更されないので、この旋回を維持します。この間、下位の avoid 層の出力は無視されるので、それによって下位モジュールを抑制しているというわけです。

● explore 層の起動

　次に、explore 層も起動してみましょう。

　以下のようにソースコードを変更してから、実行してください。

```
#####################
# change architecture
#####################
#controller = AvoidModule()
#controller = WanderModule()
#controller = ChaosWanderModule()  # ワンダーモジュールの内部にカオスを入れる
controller = ExploreModule()
```

　ここでは、エサ（黒点）を空間にばらまき、エサを目的としてそれを集めることを目指します。このエサは、一定時間エージェントが触れていると「食べられた」ことになり、消えるようになっています。しかし、wander 層だけでは、エサの存在に関わらず、ただ通り過ぎるだけで食べるための時間は稼げません。だからといって、単純にエージェントの速度を落としただけでは、効率よく空間のエサを探し回ることができなくなってしまいます。そこで、最上位の explore 層を追加し、これにエサを検知するセンサーを接続します。explore 層が発動している時は、エージェントの色が

青になります。動き回り（wander）ながら、エサが体に当たると、explore 層が発動し、エージェントの色が青くなります。

　エサに当たっている間は常に explore 層が優先されますが、エサに当たっていない間は avoid 層、wander 層が発動しているので、動き回ったり、途中で距離センサーが障害物に当たると、障害物を避けることも今まで通りできます。

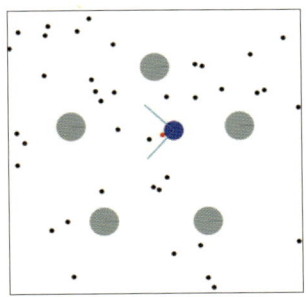

図 5-7　avoid 層＋wander 層＋explore 層

　explore 層のソースコードを見ていきましょう。

　explore 層では、エサを検知する新たなセンサー‘feed_touching’が追加されています。feed_touching センサーは、エサを検知すると True、そうでないと False を返します。

```
class ExploreModule(SubsumptionModule):
    def on_init(self):
        self.add_child_module('wander', WanderModule())

    def on_update(self):
        if self.get_input('feed_touching'):
            # エサを検知したので下位のモジュールは抑制してスピードダウン
            self.set_output("left_wheel_speed", 0)
            self.set_output("right_wheel_speed", 0)
        else:
            # エサがない時は下位のモジュールは抑制せずにそのままアウトプットとする
            self.set_output("left_wheel_speed", self.child_modules['wander'].get_
output("left_wheel_speed"))
            self.set_output("right_wheel_speed", self.child_modules['wander'].get_
output("right_wheel_speed"))
```

　初期関数（on_init 関数）で、子モジュールに wander モジュール（WanderModule）をセットします。アップデート関数（on_update 関数）で、エサセンサー（feed_touching）がエサを検知すると、左右の車輪速度を 0 として、エサを取得するために止まります。この間、下位のモジュールは抑制されていることになります。エサがない時は、explore 層は働かず、子モジュールの wander モジュールの車輪速度がそのまま出力として渡されます。

● wander モジュールの改良

　このようにサブサンプション・アーキテクチャは、エージェントの動作の段階的な構築を可能にしています。エージェントの各モジュールは独立して動作するため、あるモジュールに変更を加えることも容易です。

　例えば、上記のプログラムは、角にハマるとそこから抜け出せなく動けなくなってしまうことがあります。そこで、なるべく角にはまらないように、障害物に当たらない時は単純な旋回だはなく、カオス的なゆらぎを作り出しながら動き回るように wander モジュールを改良してみましょう。

```python
from t3 import T3

class ChaosWanderModule(SubsumptionModule):
    def on_init(self):
        self.add_child_module('avoid', AvoidModule())
        self.t3 = T3(omega0 = 0.9, omega1 = 0.3, epsilon = 0.1)
        self.t3.set_parameters(omega0 = np.random.rand())
        self.t3.set_parameters(omega1 = np.random.rand())

    def on_update(self):
        x, y = self.t3.next()  # update chaos dynamics
        if self.get_input("right_distance") < 0.001 and self.get_input("left_distance") < 0.001:
            # 距離センサーが触れない間はカオスを利用して動き回る
            self.set_output("left_wheel_speed",  left_wheel_speed)
            self.set_output("right_wheel_speed", right_wheel_speed)
        else:
            # 距離センサーが検知したら、avoid 層で回避して、カオスのパラメーターも変更して別の振る舞いを獲得する
            self.set_output("left_wheel_speed",  self.child_modules['avoid'].get_output("left_wheel_speed"))
            self.set_output("right_wheel_speed", self.child_modules['avoid'].get_
```

```
output("right_wheel_speed"))
            self.t3.set_parameters(omega0 = np.random.rand())
            self.t3.set_parameters(omega1 = np.random.rand())
```

　ここでは、T3 というカオス生成のためのクラス（chap05/t3.py にソースコード）を使って、左右両車輪のスピードをアップデートしています。エージェントは、障害物に当たっていない時は、ゆらゆらゆれながら進む動作をするようになります。

　それでは、ChaosWanderModule 層を起動してみましょう。以下のようにソースコードを変更してから、実行してください。

```
#####################
# change architecture
#####################
#controller = AvoidModule()
#controller = WanderModule()
controller = ChaosWanderModule()  # ワンダーモジュールの内部にカオスを入れる
#controller = ExploreModule()
```

　explore 層で、ChaosWander モジュールを使いたい時は、下記のように初期化関数で、子モジュールに ChaosWanderModule() を追加する変更のみで、このモジュールが使えるようになります。

```
class ExploreModule(SubsumptionModule):
    def on_init(self):
        self.add_child_module('wander', ChaosWanderModule())
```

　ChaosWanderModule 層を利用しても、エージェントが角にハマってしまうこともあります。ハマらないようなパラメータ設定がないか、いろいろ試しながら実行してみましょう。

5.1.4　身体の物理的特性

　今回、サブサンプション・アーキテクチャで示したサンプルは、avoid 層、wander 層、explore 層の単純な階層的なアーキテクチャのみですが、サブサンプション・アーキテクチャは階層的でないアーキテクチャも可能です。

　ブルックスの代表作ゲンギスは、もっと複雑な構造で作られています。その設計図は、ブルックスの論文「A Robot that Walks; Emergent Behaviors from a Carefully

Evolved Network」(1989 年) に掲載されています [37]。

　ブルックスやブライテンベルクは、知覚は表現を通過することなく、動物や人間の行動に直接つながっているとしました。それまで人工知能の主流だった抽象的で高レベルの推論ではなく、身体と低レベルのメカニズムに焦点を当てました。シンボルや手続き的なプロセスから世界を見るのではなく、身体やニューロンの物理的特性がどのように結びついているか、という観点から世界を見たのです。

　ブルックスのこうした考えは、研究者たちから痛烈に批判されましたが、その後iRobot 社を設立し、現在では世界トップクラスのロボット会社として製品を提供しています。

　また、1997 年には火星探査機「ソジャーナ (Sojourner)」の設計にも関わりました。その時には、「高速で安価で制御不能なロボットの集団」を火星に送り出すという案も NASA に提案していたようです。もちろん実現にはいたらなかったのですが、他の人が考えないようなことをしようというブルックスの性格が垣間見えるエピソードです。

　ブルックスらが「表象なき知性」に基づくロボットを提案している一方で、より高次元の「記号表現 (symbolic representation)」の研究開発も進みました。一時期は忘れられたテクノロジーであったニューラルネットワークは、「ディープラーニング(深層学習)」と改名されて復活し、コンピュータビジョンにおける従来の認識方法を根本的に凌駕しました。

　ロボットは、映像を見て記号的な表現を取り出したり、世界の地図を作ったりできるようになりました。そして、より多くの CPU といくつかの新しいトリックを備えた古典的な人工知能で、徐々に複雑なタスクを実行できるようになりました。

　iRobot 社もこの流れを受け、2015 年にカメラを搭載したルンバを発表しています。ロボット開発のプラットフォームでも、2006 年に、シリコンバレーに拠点を置くロボット会社、Willow Garage 社が業界標準となったオープンソースのロボットソフトウェアフレームワークである「ROS (Robot Operating System)」を開発しました。ブルックスの新しい会社、Rethink Robotics 社で開発されるロボットは、ROS 上で動いています。

　ディープラーニングを基にした人工知能の新しい流れは、まだ汎用知性を示すには至っておらず、高度に特化したタスクにおいてのみ能力を示しています。

　ロボット競技会「DARPA チャレンジ」には ROS 上で動くヒューマノイドが登場していますが、それは各関節とモーターの必要な位置をリアルタイムに計算して動く

仕組みです。しかし、これらのロボットはどれも自然な感じがしません。CPU による計算とトリックに限界があるのかもしれません。

5.2 身体化された認知

5.2.1 身体と脳の共進化

知性は脳にのみ宿るという古典的な見方とは対照的に、身体と脳の両方が組み合わさって複雑な行動を生み出すというパラダイムを提唱しているのが、「身体化された認知（embodied cognition）」です。

身体化された認知は、ALife の研究分野の中でも「進化ロボティクス」という分野として一翼を担っています。ある意味、ブルックスの考察を耕し続け、生物学にインスパイアされたロボットの研究を続けている分野とも言えます。

その先駆けは、1994 年のカール・シムズの研究です。シムズは、「Evolving Virtual Creatures（進化する仮想生物）」という論文で、計算による進化が自然界の生物に似た形(morphology)を作り出せることをシミュレーションしてみせました[38]。

身体は、脳と環境の間のインターフェースとしてだけ存在しているのではなく、脳と身体の共進化的なつながりが絡み合っている、という主張を裏付ける最初の研究です。シムズは、身体とそれを制御するニューラル回路（脳）の両方を「遺伝的アルゴリズム（Genetic Algorithm：GA）」を使って自動的に進化させました。遺伝的アルゴリズムについては、6 章「個体の動きが進化する」の章で詳しく扱います。

シムズの「進化する仮想生物」の提案後、さまざまな研究が提案されました。しかし、身体と脳の両方を共進化する方法で、シムズの研究を超えるような仮想生物を生み出すには至っていません。計算パワーがこの 20 年で飛躍的に向上しているのにも関わらず、です。

うまくいかない原因はどこにあるのか、最適なパラメータを探すアルゴリズムにあるのではないか、遺伝子のエンコーディングの仕方にあるのではないか、あるいは身体と脳の両方を共進化させるために必要な環境やタスクの複雑さが足りないのではないかなど、さまざまに議論されています。

身体あるいは脳を固定して、片方のみを進化させるという方法においては、自然な歩行を進化させることが可能であるという成果が報告されています[39]。

なぜ身体と脳の共進化がうまくいかないのでしょうか？　それは身体と脳が、それぞれを補完するように進化してきたからではないか、という仮説を唱えているグルー

プもあります。もしそうだとすると、身体と脳、相互に補完的に変化することでしか、進化させることが難しいということになります。

　シムズの提案した進化アルゴリズムでもそうであったように、現在主流の進化アルゴリズムは、ひとつの遺伝子エンコーディングで、身体と脳の両方を進化させます。このアルゴリズムでは、身体と脳を補完的に進化させることはできません。

　そこで、身体と脳を同時に進化させるのではなく、身体を進化させたら、身体への変化は加えずに脳（この場合は身体を動かすモーション）のみを進化させるという試みが行われています。実際には、身体に「年齢」という概念を持たせ、目的を達成するのに費やした進化世代数が少ない個体を優先するようにすることで、新しい身体を与えられ、まだ使いこなせるようなコントローラー（脳）を獲得していない個体を守るような効果を導入しています。

　結果、ローカルな最適解に落ちることを避けながら、さまざまな初期設定からタスクを達成できるような進化することが示されています。身体と脳の共進化を可能とする、進化アルゴリズムはどのようなものなのでしょうか？　それは、今後の ALife 研究の成果を待ちたいと思います。

5.2.2　ソフトロボット

　進化ロボティクスのもうひとつの課題として「材料」があります。シムズが見せたシミュレーションは、円柱や立方体といった「リジッド」な（固い）材料から構成される仮想生物でした。

　他方で、生物界の動物を見てみると、身体に埋め込まれた制御システムが、ソフトな物質を通して、神経と力の間の複雑で連続的な相互作用を介した動きを作っています。動物の脳は、別のモジュールとして存在する場合が多いのですが、体全体に広がる中枢神経と周辺神経を持つ動物もいます。これの極端な例はタコで、90％の神経がその中枢神経の外側にあると言われています。

　この「身体化された神経」とも呼べる考え方を、進化ロボティクスに導入して注目を集めているのがコロンビア大学のホッド・リプソンらの研究グループです。彼らは、神経回路が生物の身体全体に物理的に張りめぐらされているような、身体に制御システムを組み込んだ生物をシミュレーションで示しています [40]。

　そのキーになったのが、ソフトロボットです。 シムズがシミュレーションに使った円柱や立方体といったリジッドな材料とは対照的に、ソフトロボットは、衝突などによって生じるエネルギーの大部分を変形して吸収することができるような柔らかい

素材、あるいは伸縮可能な材料で作られています。

　ソフトな材料でシミュレーションを行うことの欠点は、計算コストと、多くの遺伝子エンコーディングが膨大なパラメータ空間にスケールしないことでした。しかし、計算パワーの向上、そしてケン・スタンリーによる「CPPN-NEAT」という進化アルゴリズムの提案により、ソフトな材料によるシミュレーションが可能となっています。計算パワー、アルゴリズム、そしてソフトマテリアルの登場によって、シムズを超える仮想生物が今後登場してくることが期待されます。

　実際、ホッド・リプソンらは、シミュレーションだけでなく、実際のソフトロボット開発にも取り組んでおり、2017 年 9 月には、電気を流すだけで自由に伸縮する人工筋肉を発表しています [41]。電気を流すと最大で人間の筋肉の 15 倍もの力を発揮し、製造業や医療現場での応用に非常に大きな期待が集まっています。

　また、周囲からエネルギーを与えられることなく完全自律的に動くソフトロボット「Octobot」が、2016 年 8 月にハーバード大学の研究者によって提案されました [42]。Octobot は、制御のための電子回路といったハードウェアを持たないタコ型のソフトロボットです。

　Octobot は、骨格を持たずパーツもすべてソフトな材料で作られており、燃料ストレージや動力伝達回路も 3D プリンタで出力されています。燃料は、内部にある少量の液体燃料（過酸化水素）で、白金を触媒とした化学反応によって発生する大量の気体を動力としています。動力伝達回路は、微小な流体を制御できるマイクロ流体ネットワークによって、Octobot の脚部分に気体を送り込み、風船のようにふくらませて動作します。

　ブルックスは、「進化」をアナロジーとしたサブサンプション・アーキテクチャで、最低限の機能を実現する層を作り、その上に層を重ねていくことで、複雑な振る舞いをするロボットを作り出そうとしました。その後の研究を通して、探索アルゴリズム、遺伝子コーディングといった進化アルゴリズムの発展、そしてソフトマテリアルの登場により、進化によって生み出せる世界の多様性は確実に広がっています。

　次の章では、ALife の研究で、常に中心的なテーマである進化について、詳しく見ていきましょう。

参考文献

[33] Brooks, R. A., A Robust Layered Control System for a Mobile Robot, IEEE Journal of Robotics and Automation, vol.2, no.1, p.14-23, March 1986.

[34] Braitenberg, V., Vehicles: Experiments in synthetic psychology, MIT Press, Cambridge, 1984.
邦訳『模型は心を持ちうるか――人工知能・認知科学・脳生理学の焦点』 V・ブライテンベルク著／加地大介訳／哲学書房（1987 年）

[35] Brooks, R. A. ; Connell, J. H.; Ning, P., Herbert, A second generation mobile robot, MIT AI Memo 1016, January 1988.

[36] Brooks, R. A., New Approaches to Robotics, Science, September 1991, no.253, p.1227-1232.

[37] Brooks, R. A., A Robot that Walks; Emergent Behavior from a Carefully Evolved Network, Neural Computation, 1:2, Summer 1989, p.253-262. Also in IEEE International Conference on Robotics and Automation, Scottsdale, AZ, p.292-296, May 1989.

[38] Sims, K., Evolving Virtual Creatures, Computer Graphics (Siggraph '94 Proceedings), p.15-22, July 1994.

[39] Cully, A., Clune, J., Tarapore, D. and Mouret, J.-B., Robotsthatcanadapt like animals, Nature, vol.521, no.7553, p.503-507, 2015.

[40] Nick Cheney, Robert MacCurdy, Jeff Clune, and Hod Lipson. 2013. Unshackling evolution: evolving soft robots with multiple materials and a powerful generative encoding. In Proceedings of the 15th annual conference on Genetic and evolutionary computation (GECCO ' 13), p.167-174, 2013.

[41] Miriyev, A.; Stack, K.; Lipson, H., Soft material for soft actuators, Nature communications, vol.8, no.596, 2017, doi:10.1038/s41467-017-00685-3.

[42] Wehner, Michael.; Truby, Ryan L.; Fitzgerald, Daniel J.; Mosadegh, Bobak.; Whitesides, George M.; Lewis, Jennifer A. & Wood, Robert J., An integrated design and fabrication strategy for entirely soft, autonomous robots, Nature, vol.536, p.451-455, 25 August 2016.

6章
個体の動きが進化する

　ALife の研究では、生物の進化がどのように生じたか、人工的にどうやって進化を作り出すかということに注目しています。進化の研究が博物学者や生物学者から、分子生物学者、化学者に引き継がれ、いよいよ物理学者やコンピュータ科学者に任せられるようになったことで、その様相は加速しています。試験管の中で細胞内部の化学反応を再現し、それを用いる実験進化の研究は、ALife がシミュレーションやロボティクスから、生命そのものの領域へと入っていく時代の幕開けを示しています。

　この章では、ALife が対象としてきた進化の議論を振り返った後に、ジョン・ホランドの遺伝的アルゴリズムを取り入れ、ニューラルネットワークを持つエージェントの挙動を観察することで進化、さらには集団の進化の理解を深めていきます。

6.1　進化と自己複製

　生命は、進化するシステムです。この節では自然界にみられる進化現象をレビューしつつ、それをいかにコンピュータの中の人工世界に移植するかについて見ていくことにしましょう。

　まず前提として、進化するには進化する主体、自己複製する集団を仮定する必要があります。なぜなら、進化は個体が変異しつつも複製できて、それが集団内へと広がっていくことで成立するからです。例えば、ある大腸菌が自己複製をして、少しだけ違う形質を獲得した大腸菌が出現したとします。その形質に生存に有利な特徴が何かあったとすると、その形質は集団内に広がります。こうした新しい形質の出現と拡散を助けるものは何なのでしょうか？

　自己複製するものをはじめて理論的に存在証明したのが、フォン・ノイマンです。自己複製は自分で自分を作ることであり、細胞をはじめ、一般的に生物個体は自己複

製しているように見えます。しかし、理論的に自己複製が可能かどうか、それを証明するのは難しいことです。そこでフォン・ノイマンは、自己複製する本体をテープにエンコードして、テープからデコードして自己複製するという方法を行い、セルラー・オートマトン上に実装することに成功したのです。

3章でも述べたこのセルラー・オートマトンは、セルの状態を使って自己複製が理論的に可能であることを示しました。このモデルが、のちにラントンの「LOOP」モデルや、佐山弘樹の「Evoloop」モデルへと発展しています [43][44]。また、自己複製が現実世界で実現可能であることを、ロジャー・ペンローズが木製のおもちゃのモデルを使って示しています [45]。これは、特異的な形をバネを使って組み合わせた自己複製のユニットを用意し、環境のノイズがあるがゆえの自己複製を可能としました。ノイマンの自己複製のモデルとはある意味、真逆の方向の考え方です。化学現象のシミュレーションとしては、Gray-Scott モデルが有名です。このあたりは、2、3章で見た通りです。

しかし、上記のようなモデルに進化はありません。そこがポイントです。進化は、自己複製が不安定化して、オリジナルとは違う自己複製が出現することです。同じものをエラーなく複製するだけでは、永遠に進化ははじまりません。

例えば、遺伝子がビットの列だとしましょう。ビットの値が何らかの原因により反転するのを、「突然変異」と呼ぶことにします。反転するのはビットでなくてもよくて、遺伝子からの情報の読み出しや身体が作られる時点で、さらに発生過程に変異があってもよいわけです。

いずれにせよ、進化のプロセスとは自己複製のゆらぎだと考えることができます。

6.1.1 適応度地形と進化

次に、「適応度地形」というものを考えます。個体の適応度とは、どのくらいその個体が自己複製できるか、ということで測られます。

進化は、高速かつ精度の高い自己複製に向かって進化の淘汰がかかっていきます。ならば、人工のシミュレーション実験では、どんどん高速に自己複製する個体に向かって進化することになります。しかし、実際の世界には多種多様な生物個体、自己複製するシステムがあります。そのような多様性は、いかにして生まれるのでしょうか?

適応度地形とは、個体の適応度を凹凸のある山の高さで表したものです（図 6-1）。適応度の高い個体は数を増やし、適応度の低い個体は数を減らします。適応度地形の高い個体ほど、複製しやすくなります。山頂がいろいろとあれば、自己複製する個体

パターンがたくさんあるというわけです。しかし、実際には適応度地形は、後付け的にしか定義されないものです。数の多い種は、適応度が高くなります。

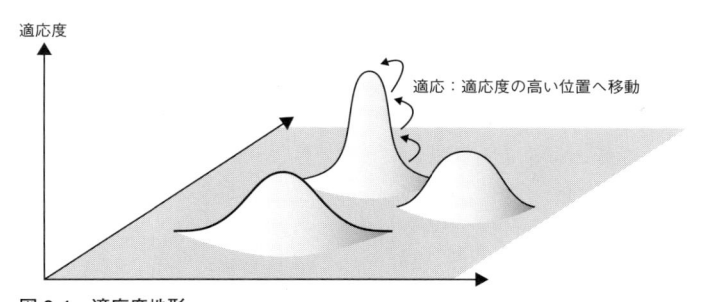

図 6-1　適応度地形
井庭崇「モデリングシミュレーション入門」
(http://gc.sfc.keio.ac.jp/class/2004_19872/slides/13/index_29.html) を参考に作成

　適応度地形は、定まったものとは限りません。他の自己複製体と相互作用する場合には、適応度地形というのはあまりよい見方ではありません。それに、放っておいても環境パターンは変化するので、適応度地形は常に時間の関数であると言えます。

　例えば、エサとなる野ウサギがたくさんいる環境であれば、キツネの適応度は高くなります。逆に、野ウサギの適応度は下がります。その結果、時間変化とともに野ウサギが減ると、キツネの適応度は下がりはじめます。そうするとまた野ウサギの適応度は上がり、個体数を増していきます。こうした現象を、「頻度依存型の淘汰」と言います。

　より複製の成功率が大きい、あるいは個体数が多くなるところに進化することを、「適応度地形を登る」と言います。例えばそれは、野ウサギがキツネに食べられないような形や性質（形質）を持つように進化するということです。

　でも実際には、多くの種が山の途中で止まっているように見えます。つまり、キツネと野ウサギのどちらかが淘汰されるのではなく、キツネと野ウサギは共存し、適応度地形を登り切るようなことは自然界には存在しません。その点では、この適応度地形による進化の見方がはたして妥当なものなのか、それも問われることになります。先述したように、適応度地形は最初に与えることができるとは限らず、多くの場合の適応度は後付け的に決まるからです。

　アイゲンが提案した現象に、「エラーカタストロフ」があります[46]。エラーとは、「突然変異」のことです。この突然変異がある値以上に高くなると、途端に複製がストッ

プしてしまいます。情報が正確に複製されなくなるためです。この急激に複製が起きなくなる臨界的な現象が、エラーカタストロフです。

それでは、エラーカタストロフは不適切な現象かというと、そうとも言えません。例えば、少しパターンの異なる自己複製の集団が、全体として同じメンバーが複製されつつ維持されれば、個々には複製してなくとも集団としては複製されるわけで、こうなると環境変化に対する頑強性^{ロバストネス}は、かえって高くなります。

RNA ウイルスなどは、この戦略を使っているように見えます。こうした集団として自己複製するものを、「準種（quasi-species）」と言います。

このアイゲンがエラーカタストロフで発したメッセージは、適当度地形という見方を否定もしているようです。自己複製では、適応度地形の上をすべっていくような描像よりも、進化のダイナミクスそのものに注目すべきではないか、そういう気がしてきます。

以下で、ALife の研究で用いられるプログラムの例を紹介し、進化そのものは何か決まったゴールに向かうのではなく、頂きから頂きへとホップしていくということを見ていきましょう。

適応度地形は、神の視点から眺めた時にはじめて存在するものであって、実際にはどのような地形が存在するのかすら、わからないものです。

初期の ALife の代表的な研究であるトム・レイの「Tierra（ティエラ）」の世界は、まさに、適応度地形のない世界を作り上げていくものです [47]。ここでは、自己複製が理論的に可能なマクロな命令セットを持ったコンピュータの言語を用意します。

これが Tierra ですが、初期に用意したプリミティブな命令の組が突然変異によって進化して、他のプログラムの命令セットを利用（寄生！）して、自分のコードをそのプログラムに増やしてもらったり、プログラム群がネットワークとして全体を複製したりするような状態へと進化することが示されています。

これは、3 章で見た池上らの「テープとマシン」の進化モデルにおいても見られたことです。

この Tierra でも、テープとマシンでも、前もって適応度地形などは与えられていません。適応度地形を描こうとすれば描けるかもしれないのですが、コンピュータの中で走らせることで、CPU の実行権やメモリ領域の争いが自然に起き、それが結果的にあるプログラム群を淘汰して進化していきます。この時、適応度地形は必要ではありません。しかし、適応度関数をうまく使えば、進化がわかりやすくなります。

6.1.2 「囚人のジレンマゲーム」の進化

例えばここでは、「ゲーム」をして高得点を獲得すると適応度が増すという設定を考えます。ゲームとは、じゃんけんもそうですし、追いかけっこ、ポーカー、麻雀、野球やアメフトに至るまで多種多様なものがあるのですが、生物種の相互作用をそうしたゲームで表し、ゲームをした結果の得点で生物種の進化が記述できるという「進化ゲーム理論」が提案されています。

進化ゲーム理論は、イギリスの生物学者ジョン・メイナード＝スミスが、ゲーム理論を進化生物学に応用してはじまりました。1982年に出版された「Evolution and the theory of games」(『進化とゲーム理論 - 闘争の論理』)に詳しく書かれています[48]。

通常のゲームでは戦略の数が固定されており、その中で高得点をあげる戦略を見つけるのがゲーム理論だとします。しかし、進化ゲーム理論では戦略そのものが固定されていないので、新たな戦略が進化の時間スケールで作られるというわけです。新たな戦略を新たな種と見なすことで、新しい種が進化して入ってくる様相がコンピュータの中で観察できるのです。

例えば、「囚人のジレンマゲーム」というものがあります。

囚人のジレンマゲームとは、共犯者AとBが、ある事件で警察に捕まり、隔離された状況で自白する（裏切り＝D）か、黙秘する（協調する＝C）かを決めるというゲームです。ただし、2人とも自白すれば懲役10年の刑になり、2人とも黙秘を通せば懲役5年ですみます。片方だけが自白すれば、自白した方は無罪、もう片方は懲役20年になってしまいます。

この時の「最適戦略は？」となると、もちろん、常に裏切ることです。なぜなら、相手も裏切れば懲役10年ですが、相手が自白しなければ無罪釈放であり、自供され、相手に裏切られたときの損失が大きいからです。ゲームの解は、裏切り合うことになります。

このゲームを繰り返して行うものとする（「繰り返し囚人のジレンマゲーム」）と、様相は異なります。裏切り合うこと以外の解が、出現してしまいます。例えば、「目には目を」という戦略（Tit For Tat：TFT）は、前回相手が裏切っていれば裏切る、協調していれば協調する、というものです。簡単に見えて、これはかなり有効な戦略です。

無限に広い戦略空間がある中で最適な戦略がわからない、あるいは最適な戦略なんてものはないという状況は、興味深いものです。もしかすると、あっと驚くようなものが隠れているかもしれないのですから。実際、新たな強い戦略を見つける研究は現

在も続いていて、2012 年には、フリーマン・ダイソンが「zero-determinant（ZD）」という新しい最適戦略を見つけています[49]。

またゲームの状況を少し変えることでも、面白いことが起こります。例えば、自分が協調したつもりでも相手には裏切りと思われるケースです。何かノイズが入って手が変わってしまう、そうしたものを「ノイズ入り」のジレンマゲームと言います。

1 回くらいの裏切りがあっても相手が寛容であれば、相互に協調する状態に戻れるのです。寛容さがとても大事になるわけです。「Tit For Two Tats」という戦略では、相手に 2 回続けて裏切られないと裏切り返しません。この戦略は、ノイズ入りゲームの場合にかなり有効です。

ある戦略が集団内で優位になると、対戦相手は自分と同じ戦略を持ったものなので、自分自身とうまくやれるか（高得点が取れるか）が肝となります。

そこで、記憶をより多く持つ戦略が重要ではないか、寛容さは大事かなど、いろいろと議論されるわけですが、「自動的に」これを解決してくれるのが進化アルゴリズム、生命に似た方法ということになります。

スウェーデンの物理学者リングレンをはじめ、さまざまな人がこの繰り返しジレンマゲームの進化の実験を行っています[50]。そして、初期 ALife の代表的な進化実験となりました。

一般に、絶対的に安定な唯一の戦略というものはないように思えます。進化とは、最優秀な個体を選び出してくるのではなくて、多様性を生み出す装置でもあるわけですから、実際に進化学者のロナルド・フィッシャーやジョージ・プライスによると、ゆらぎの大きさが「淘汰圧」に比例するようです。

つまりは、進化は多様性を好むということで、最適なことを好むわけでもないのです。次の節の「オープンエンドな進化」も、最適ということではなく、最適性の向こう側にみえる次の新しい戦略を生成する方法についての考え方です。

6.2　オープンエンドな進化

人工的な進化について、別の例を見てみます。

進化のアルゴリズムは、ジョン・ホランドが考案した「Classifier（クラシファイア）」が元になっています。最初の進化的探索アルゴリズムは、後に「遺伝的アルゴリズム（Genetic Algorithm：GA）」と呼ばれるようになりました。実行すべきタスクを遺伝子を模したビット列に分解して分散的にコードし、それを突然変異や交叉演算を用いて進化させるものです[51]。GA においては、これらの変化する遺伝子が、ネットワー

クとしてアルゴリズムを分散表現するわけです。

　各遺伝子は「資本」を持っていて、それを元手に自分を使用してもらい、それぞれ使用権を獲得した遺伝子が全体として出力します。その出力がよい場合には、それに貢献した遺伝子は資本が増えるという仕組みです。これを、「バケツリレー方式」と言います。

　この Classifier を使ってアメリカのコンピュータ科学者デイビッド・ゴールドバーグは、ガスパイプラインの最適制御、どのようにガスを街中に提供するか、どこのバルブを開けてどこを閉めるかなどに応用し、効率的に制御する成果を示しました。それが、遺伝的アルゴリズム（GA）のはじまりです。ニューラルネットワークも最適化手法として使われますが、その最右翼の競争相手として、GA は注目を集めました。

　GA はきちんとした適応度地形が定まり、最適地点を目指す場合に適しています。しかし、多くの実践的な問題は常に適応度地形がうまく定められるとは限らず、先のリングレンの戦略の進化でもそうであったように、いつかは別の戦略が進化してくるかもしれないということがあります。

　進化プロセスでは一般的に、ある戦略が集団を占有した時、いずれはそれを凌駕する戦略が出現します。そして、やがては次の占有戦略に移っていきます。進化は永遠に終わらないのです！　これが、「オープンエンドな進化（Open-Ended Evolution：OEE）」ということです。どのようなシステムに OEE が起こるのか、人工的に OEE は引き起こせるのか、そのメカニズムはあるのか——それは、ALife 研究の最重要課題でもあります。

　実際、OEE には懸賞金もかけられました。人類の科学技術の発展では、「ムーアの法則」に代表されるように指数関数的に進化し、そのうえで新しいものが作られ続けています。これはまさに、OEE を見せているように思えます。

　自然な OEE ははたして可能か、OEE をもたらすのは人の知性であるのか、それが ALife で今日的に問われる問題なのです。

6.3　人工進化

　試験管の中でならば、現実に進化を起こしてみせた例があります。それが、RNA（リボ核酸）を複製する酵素「Qβレプリカーゼ」を用いたイリノイ大のスピーゲルマンらの実験です[52]。

　DNA は、生物の遺伝情報の保存と伝達を担う遺伝物質です。生物は、DNA を素に RNA を介してタンパク質を合成し、最終的には細胞を作ります。RNA とは、タ

ンパク質を作るときに作られるテンポラリーな鋳型です。ウイルスの RNA にある遺伝情報の複製は、取り憑かれた宿主のシステムが担います。

スピーゲルマンらは、大腸菌に感染するファージ（細菌に感染するウイルス）由来の RNA ウイルスが自分の RNA を特異的に複製する酵素、Qβ レプリカーゼを発見しました。この RNA を試験管の中に大腸菌由来の酵素と一緒に入れてやり、速く自己複製するような淘汰をかけてやると、新しい自己複製 RNA が進化してくることを証明しました。

進化した RNA は、最初のものよりどんどん短くなり、自己複製のスピードが速くなり、かつ Qβ レプリカーゼによる複製に適したものが進化したということです。

この結果は、コンピュータのメモリ領域を複製プログラムが競い合うゲーム、「コア戦争（CoreWars）」を思い起こさせます。ALife の分野がはじまる前に作られたコア戦争は、メモリ上で交互に実行されるプログラム同士が競争、最後まで実行され続けるプログラムが勝つというルールのものです。

基本的に強かったのは、「imp」というプログラム長が小さくて自己複製するプログラムでした。生き残りのプロセスは、最速の自己複製を要求するのです。これが先に述べた、小さくて簡単な自己複製への進化です。

例えば大腸菌は、最も早く複製する菌であることが知られていますが、ミシガン大のレンスキーは、35 年の間、ひたすら大腸菌を植え継ぐ実験を行い、自然な環境で新しい形質を持つ大腸菌が進化してきたと報告しています。この大腸菌がゲノムサイズを短くするといったような進化は報告されていませんが、植え継ぎのサイクルに最適な複製系になっていると思われます。これらの例は、進化というのは RNA レベルでも、大腸菌でも、実験的に観測可能なものであることを示しています。

進化問題は、生物進化に限らず、一般の人工物にも拡張可能です。例えば、次のようなものについての進化を、土松隆志らが東京大学広域科学システムの卒業研究として扱ったことがあります。それは、カメラ、鳥居、雑煮の「進化」です [53]。

カメラ、鳥居、雑煮といったものは、人が関わっているから変わっていくものです。カメラが一番技術的な革新を見せ、鳥居や雑煮はそうした技術革新とは無縁です。ただし、鳥居には時代的な背景が、雑煮には地方性が浮き出ています。実際に彼らは、鳥居や雑煮は系統性が弱く、生物進化における「水平伝搬」のようなことが見られると報告しています。これらの進化を系統図的に見せることで、技術の進化を生物進化の一部として位置づけることも可能です。

先にも述べたように、トランジスタの集積度や CPU の計算速度は、時間とともに

指数関数的に増加しています。これが「ムーアの法則」ですが、このようなものは人工進化の特徴であり、「フィードバック機構」が働いていることがわかります。

　簡単に言えば、速い CPU を作り、それを使ってさらに速い CPU を作るといった自己言及的な構造が、ムーアの法則を生んでいるのです。生物進化もまた、そのような以前に進化したものをベースに進化するというメカニズムを用いているのでしょう。しかし、技術の進化は自然進化の法則に従う必要はなく、段階を踏まずに爆発的に加速する可能性もあるのです。

　進化の加速可能性、OEE、多様性原理、そうしたものを積極的に考えるのが、ALife の今後の方向性であるかと考えられます。

6.4　ALife の進化モデル

　本当に複雑な生命の活動は、何もないところから進化しうるのでしょうか？　ほとんどの突然変異が致死的であれば、進化はとてつもなく困難なはずです。

　あるいは進化はランダムに状態空間を探索するのではなく、何かしらバイアスを持った探索過程なのでしょうか？

　GA を考え出したホランドは、「アルファ宇宙」という一次元のセルラー・オートマトンを用いて、この問いに立ち向かいました。彼は、ある特別な進化オペレータが用意されていれば、実効的な時間で進化は起きるが、そうでないと進化には無限の時間がかかる、ということを言っています。

　もし進化に、何かしらランダムではない特別な要素があるとしたら驚きですが、実際に進化は、特別な遺伝子オペレータを必要としたのかもしれません。最初だけではなく、いくつかの極めて重要な転移現象（単細胞から多細胞へ）に関してはどうなのでしょうか？　こうした問いに答えるのは、最終章の 8 章「意識の未来」のシミュレーションのところになるでしょう。

　別の問題として、生物集団が個体で過ごすのではなく、コミュニティを作り、社会を作って暮らすのであるならば、淘汰はその集団の賢さに基づいて行われるべきでしょう。この章では、例題としてまず個体の進化を行い、それが集団としてどう振る舞うかを見てみます。個体の進化とそれらの集団の進化の両方から、OEE のパターンを見ていくことになります。

　以下に用意するのは、「エージェント（個体）モデル」と言われるものです。内部には、ニューラルネットワークが装備されています。これは、4 章で議論しているニューラルネットワークを搭載した群れのモデルの二次元版です。

　各個体は、環境にあるエサ（化学物質として環境に濃度を持って分布）をセンサーで検知し、エサを求めて空間を動き回ります。それをニューラルネットワークがコントロールしています。ただし、エサの量は場所によって違い、エージェントが食べるとエサが少なくなり、少なくなると別の場所に移動しなくてはエサを得られません。

　決まった時間にたくさんエサを集められるほどよい、というのが進化させるうえでの評価関数です。エサがなければ、探索に行きます。まっすぐにしか動けないと探せないので、それができない個体は淘汰されていきます。ここでの進化は、前途した遺伝的アルゴリズムである GA によって作られ、ニューラルネットワークの神経細胞同士の結合素子を遺伝子でコードして、それを進化させます。

6.4.1　エージェントモデル

　エージェントの進化を扱う前に、エージェントのシミュレーションがどのようなものかを知り、プログラムの理解を深めるために、まずはランダムな振る舞いをする単純なプログラムを実行してみましょう。

サンプルプログラムの実行方法

サンプルプログラムは、GitHubリポジトリのchap06_07ディレクトリにあります。
移動して実行してください。
```
$ cd chap06_07
$ python ant_nn.py
```

　実行に成功すれば、シミュレーション画面が表示されます。エサである化学物質が黄緑色で、濃度を持って青い環境に分布しています。赤い丸が、エージェントです。エージェントが動いた場所は、エサが吸収されるので、青い軌跡として表示されます。

　しかし、ここで出てきたエージェントはその場をぐるぐる回ったり、適当に進み続けるだけで、まったくエサを集める様子はないでしょう。このプログラムは、実行時引数に何も与えない場合、ランダムな遺伝子を持ったエージェントでシミュレーションを開始するようになっています。

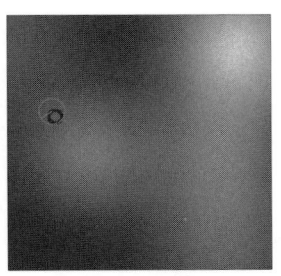

図 6-2　ニューラルネットワークを持つエージェントモデル（ランダムな遺伝子）

それでは、コード chap06_07/ant_nn.py を詳しく見ていきましょう。

```
nn_model = generate_nn_model(HIDDEN_NEURON_NUM, CONTEXT_NEURON_NUM)
# アウトプットの一部をコンテキストニューロンとして次回のインプットに回すための変数
context_val = np.zeros(CONTEXT_NEURON_NUM)

if len(sys.argv) == 1:
    gene = np.random.rand(get_gene_length(nn_model))
else:
    gene = np.load(sys.argv[1])
decode_weights(nn_model, gene)

# 引数はエージェントの数（付録参照）
simulator = AntSimulator(1)
simulator.reset()
while True:
    sensor_datas = simulator.get_sensor_data()
    action, context_val = generate_action(nn_model, sensor_datas[0], context_val)
    simulator.update(action)
```

　エージェントは、ニューラルネットワークを内部に持っています。ネットワークは、入力層を9つ、出力層を4つのニューロンで構成します。

　入力層の9という数字は、環境の化学物質を収集する7つのセンサーを受け取る7つのニューロンと2つのコンテキストニューロンから、出力数の4という数字は、エージェントの速度と角速度の値を出力する2つのニューロンと、2つのコンテキストニューロンからきています。

　コンテキストニューロンとは、1ステップ前の情報を記憶し、その影響を入力に反

映させるためのニューロンです。また隠れ層がひとつあり、4 つのニューロンを持つ
ものとします。

　このニューラルネットワークの構造を図式化すると図のようになります。

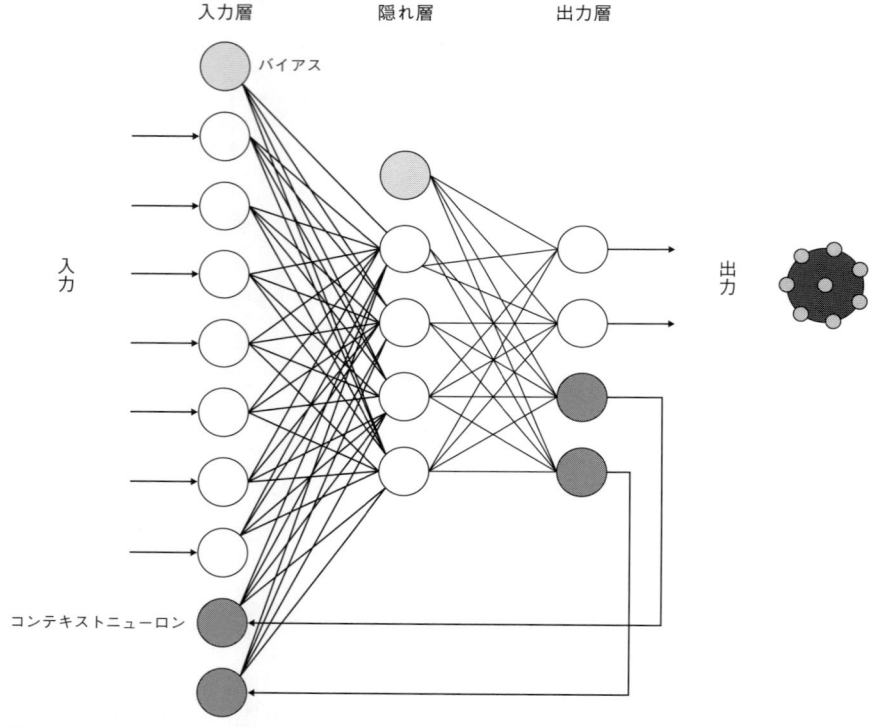

図 6-3　ニューラルネットワークの構造

　7 つのセンサー入力と 2 つのアウトプットは、エージェントの身体と関係するので
変えられませんが、コンテキストニューロンと隠れ層のニューロンの数は任意に設定
できるようにします。これらの設定である context_neuron_num と hidden_neuron_
num は後の遺伝的アルゴリズムでも使用するので、コード内で定義しています。

　これらの情報から、ニューラルネットワークモデルの生成は generate_nn_model
関数で行っています（ant_nn_utils.py ファイルに実装されています）。

```
def generate_nn_model(hidden_neuron_num, context_neuron_num):
    nn_model = Sequential()
    nn_model.add(InputLayer((7+context_neuron_num,)))
    nn_model.add(Dense(hidden_neuron_num, activation='sigmoid'))
    nn_model.add(Dense(2+context_neuron_num, activation='sigmoid'))
    return nn_model
```

　ニューラルネットワークの実装には、「Keras」というニューラルネットワークのライブラリを用いることにします（2017 年に Google のエンジニアが開発）。Keras を用いると、ニューラルネットワークの実装を非常に簡単に書くことができます。

　中心的なデータ構造は、各層を線形にスタックする関数 Sequential() です。層を追加する関数 add() で層を追加します。

　モデル（nn_model）に、入力層「InputLayer((7+context_neuron_num,))」、隠れ層「Dense(hidden_neuron_num, activation='sigmoid')」、出力層「Dense(2+context_neuron_num, activation='sigmoid')」と追加します。InputLayer 関数は、入力の値を受け取って次の層に渡します。Dense 関数は、各ニューロンへの重みを足し合わせ、活性化関数を適用する関数です。

　各ニューロンは、バイアスも入力として与えられます。重みは、入力信号の重要度をコントロールするパラメータとして機能し、バイアスは、発火のしやすさを調整するパラメータとして機能します。活性化関数には、シグモイド関数を適用しています。

　さらに、メインプログラムでは、コンテキストニューロンの値を保存して次回のインプットに回すための変数を用意しておきます。

```
context_val = np.zeros(CONTEXT_NEURON_NUM)
```

　その後、ニューラルネットワークに、遺伝子にコードされたニューロン間の重みやバイアス（これが後に進化させる対象となります）を設定したいのですが、ここではまだ進化ができていないので、ランダムな配列を用意して遺伝子情報としています。

```
if len(sys.argv) == 1:
    gene = np.random.rand(get_gene_length(nn_model))
else:
    gene = np.load(sys.argv[1])
decode_weights(nn_model, gene)
```

　ただし、後に遺伝的アルゴリズムで作ったエージェントでも試せるように、実行時
引数で遺伝子情報を与えられるようにしておきます。引数では npy 形式（NumPy の
データを保存するための標準ファイル形式）で保存した配列を渡すことにしましょう。

　ここで利用している get_gene_length 関数はニューラルネットワークに必要な遺
伝子の長さを返す関数です（遺伝子の長さはニューラルネットワーク内のすべての
重みとバイアスの数になります）。また、decode_weights 関数はニューラルネット
ワークのモデルに遺伝子情報からコードされた重みをセットする関数です。どちらも
ant_nn_utils.py に実装されています。

　最後に、シミュレーションの本体です。

```
simulator = AntSimulator(1)
simulator.reset()
while True:
    observations = simulator.get_sensor_data()
    act = generate_action(observations[0])
    simulator.update(act)
```

　ここでも、シミュレーション用クラスを AntSimulator（ソースコードは、
alifebook_lib/ant_simulator.py）として用意したので、これを利用しています。引数
で与えているのはエージェントの個体数で、本章ではずっと「1」を利用します（詳
細は巻末の付録を参照してください）。

　action を生成する関数は、後の遺伝的アルゴリズムでも利用するので、generate_
action 関数として ant_nn_utils.py に分離しています。

```
def generate_action(nn_model, sensor_data, context_val):
    nn_input = np.r_[sensor_data, context_val]
    nn_input = nn_input.reshape(1, len(nn_input))
    nn_output = nn_model.predict(nn_input)
    action = np.array([nn_output[0][:2]])
    context_val = nn_output[0][2:]
    return action, context_val
```

　ニューラルネットワークモデル、センサーインプット、コンテキストニューロンへ
のインプットを受け取り、action とコンテキストニューロンのアウトプットを出力し
ます。

内部では、Keras のモデルを使って、ニューラルネットワークの出力を計算しています。戻り値の action はシミュレータに渡され、中身は速度と角速度として扱われます。速度と角速度の値が NumPy 配列として出力されます。例えば、[0.1, 0.5] のようにどちらも 0 から 1 の間をとり、速度は最小速度から最高速度まで、角速度の場合は右旋回から左旋回を決定します。

action() 関数の結果をシミュレーションに渡し、エージェントを動かし、動いた先にあるエサを取得します。

6.4.2 エージェントを進化させる

エージェントシミュレーションがどのようなものかわかったところで、いよいよこのモデルを用いて、エサをたくさん集めてくるエージェントを進化させてみましょう。そして、エージェントの性能（どれだけエサを取得できるか）を評価します。

サンプルプログラムの実行方法

サンプルプログラムは、GitHubリポジトリのchap06_07ディレクトリにあります。
移動して実行してください。
$ cd chap06_07
$ python ant_nn_ga.py

実行に成功すると、前回と同様にシミュレーション画面が表示されますが、一定時間ごとに違ったふるまいのエージェントのシミュレーションが次々に実行されます。さらに、コンソール画面には、進化の進捗と結果が順に表示されていきます。また、1 世代が終了するたびに、ベストな結果を残したエージェントの遺伝子情報を配列に収めてカレントディレクトリに npy 形式（NumPy のデータを保存するための標準ファイル形式）で保存します。（ただし、下で設定している POPULATION_SIZE や ONE_TRIAL_STEP の値によっては、1 世代進むのにもそれなりの時間がかかるかもしれません。気長に待ってみましょう。）

最初に行うのは、各種設定です。

```
# GA に関するパラメータ
ONE_TRIAL_STEP = 2000
POPULATION_SIZE = 51
```

```
nn_model = generate_nn_model()

GENE_LENGTH = get_gene_length(nn_model)
population = np.random.random((POPULATION_SIZE, GENE_LENGTH)) * 10 - 5
fitness = np.empty(POPULATION_SIZE)
```

　ニューラルネットワークの重み数（遺伝子サイズ：gene_length）を取得し、1世代で作る50個（POPULATION_SIZE=50）のエージェント集合（population）の遺伝子を初期化します。

　遺伝子数（gene_length）は、ニューラルネットワークの重み数です。ここでは、入力層の9ニューロンと中間層の4ニューロンをつなぐエッジの重み数（9 × 4 = 36）、4ニューロンのバイアス、中間層4ニューロンと出力層4ニューロンをつなぐエッジの重み数（4 × 4 = 16）、4ニューロンのバイアス（36 + 4 + 16 + 4 = 60）となります。

　続いて、遺伝的アルゴリズムの本体に入ります。

```
simulator = AntSimulator(1)
generation = 0
while True:

    # 現在の集団を評価する
    for gene_index, gene in enumerate(population):
        print('.', end='', flush=True)
        # 遺伝子情報をニューラルネットワークの重みにデコードする
        decode_weights(nn_model, gene)
        # シミュレーション実行
        context_val = np.zeros(CONTEXT_NEURON_NUM)
        simulator.reset()
        for i in range(ONE_TRIAL_STEP):
            sensor_datas = simulator.get_sensor_data()
            action, context_val = generate_action(nn_model, sensor_datas[0], context_val)
            simulator.update(action)

        # 今回のフィットネスを保存
        fitness[gene_index] = simulator.get_fitness()[0]
```

　まずは、populationに格納されたエージェントの遺伝子をひとつずつfor文で取り出し、実際にシミュレーションにかけて評価した後、エージェントのフィットネ

スをfitness配列に格納します（シミュレーションの部分は前のプログラムと同様
です）。1回の評価は、ONE_TRIAL_STEPだけシミュレーションを回し、最後に
AntSimulatorクラスのget_fitness関数を用いて収集できたエサの総量を取得します。

　現在の集団をすべて評価し終わったら、ユーザーへのレポートをコンソールに行い
ます。

```
# 結果をレポート
print()
print("generation:", generation)
print("fitness mean:", np.mean(fitness))
print("        std:", np.std(fitness))
print("        max:", np.max(fitness))
print("        min:", np.min(fitness))
# 1位のエージェントはファイルに保存
best_idx = np.argmax(fitness)
best_individual = population[best_idx]
np.save("gen{0:04}_best.npy".format(generation), best_individual)
```

　ここまで実行が進むと、50個のエージェントすべての評価値（fitness）の平均、
標準偏差、最大値、最小値が、例えば以下のように表示されます。

```
generation: 0
fitness mean: 44.39388315528631
        std: 80.9058452880875
        max: 354.6235375404358
        min: 3.2823529839515686
```

　また、評価の最も高かったエージェントの遺伝子（best_individual）を
np.argmax(fitness)で取り出し、np.save()で、ファイルにnpy形式で保存していま
す。2位以下のエージェントも後で見返したい場合は、適宜保存してください。

6.4.3　次世代に残す遺伝子を作る

　エージェント集団を定義し、どのくらいエサを取れるかで評価する実装をここまで
見ました。それでは、次に、これらのエージェント集団の遺伝子から、次世代に残す
遺伝子を作っていきます。

　まずは、現世代から親とするエージェントを選択するための関数を作成します。以
下は、その実装です。

```
def select(population, fitness, TOURNAMENT_SIZE = 3):
    idxs = np.random.choice(range(len(population)), TOURNAMENT_SIZE, replace=False)
    fits = fitness[idxs]
    winner_idx = idxs[np.argmax(fits)]
    return population[winner_idx]
```

　親の選択はトーナメント方式を用います。これは、トーナメントサイズ（今回は3）のエージェントをランダムに選び、その中から評価値 fitness の値が1番高いエージェントを1匹選び、これを次世代の親とし、子孫を生成するという操作を、目的の数のエージェントが集まるまで繰り返す手法です。トーナメントサイズをコントロールすることで、進化の淘汰圧（環境に適応させようとする強さ）を調整できるのが特徴です。他にも、fitness の値に応じた確率で選ぶルーレット選択方式や、fitness の値によるランキングで選ばれる確率が決定される方式などがあります。

　その後、以下の3つの方法で子孫を作り、offsprings 配列に格納します。

1) 選択（親のコピー）
2) 突然変異
3) 交叉

●選択

　まずは、親からそのままコピーされる子孫を全体の3分の1の個数生成します。ただし、最高成績を残したエージェントは貴重ですので、無条件で子孫に加えられます。

```
# 1位のエージェントはそのまま次世代に
offsprings[0] = best_individual.copy()
```

　さらに、親から目的の個数が集まるまで個体をランダムに選択して子孫として残します。

```
# POPULATION_SIZE/3 - 1匹は次世代にコピーされる
for i in range(1, POPULATION_SIZE//3):
    offspring = select(population, fitness).copy()
    offsprings[i] = offspring
```

●突然変異

次に突然変異です。これも、全体の 3 分の 1 の個数生成します。

```python
# POPULATION_SIZE/3 匹は突然変異後に次世代に
for i in range(POPULATION_SIZE//3, 2*POPULATION_SIZE//3):
    offspring = select(population, fitness).copy()
    mut_idx = np.random.randint(GENE_LENGTH)
    offspring[mut_idx] += np.random.randn()
    offsprings[i] = offspring
```

突然変異させる遺伝子をひとつ選び、ランダムな値に変更する重みのインデックス（mut_idx）を選びます。選ばれたインデックスの重みの値に乱数を加えて、突然変異した遺伝子を子孫として残します。

●交叉

最後に、交叉です。同様に、全個体数の 3 分の 1 の遺伝子を交叉させて子孫として残します。

```python
# POPULATION_SIZE/3 匹は交叉後に次世代に
for i in range(2*POPULATION_SIZE//3, POPULATION_SIZE, 2):
    p1 = select(population, fitness).copy()
    p2 = select(population, fitness).copy()
    xo_idx = np.random.randint(1, GENE_LENGTH)
    offspring1 = np.r_[p1[:xo_idx], p2[xo_idx:]]
    offspring2 = np.r_[p2[:xo_idx], p1[xo_idx:]]
    offsprings[i] = offspring1
    try:
        offsprings[i+1] = offspring2
    except IndexError:
        pass # pupulation がいっぱいの時は破棄
```

交叉する遺伝子ペア「p1」と「p2」を選びます。次に、交叉する遺伝子のインデックスを選び、p1 の前半分と p2 の後ろ半分、p2 の前半分と p1 の後ろ半分の値から構成される 2 つの遺伝子を子孫として残します。ここでは、単純な 1 カ所でつなぎ替えるだけの方式を採用していますが、二点交叉などのより複雑な方法もあります。

以上で、子孫の作成は終わりです。新たに作成した遺伝子集合を、評価する処理をwhile 文で何世代も繰り返すことで、よりエサをたくさん取ることができるエージェ

ントへと進化させます。

どのような進化をするのか、保存した遺伝子データを入力として与え、エージェントを走らせるコードを実行して見てみましょう。最初に利用した ant_nn.py スクリプトに、実行時引数として遺伝子ファイルを指定することで実行できます。(もしもまだ自分で進化を終えられていない場合は、sampledata ディレクトリに 70 世代まで進化させた例を置いてありますので、試してみてください。)

サンプルプログラムの実行方法

サンプルプログラムは、GitHubリポジトリのchap06_07ディレクトリにあります。
移動して実行してください。
$ cd chap06_07
$ python ant_nn.py [gene data file path]

> python ant_nn.py sampledata/gen0001_best.npy
> python ant_nn.py sampledata/gen0010_best.npy
> python ant_nn.py sampledata/gen0050_best.npy
> python ant_nn.py sampledata/gen0070_best.npy

1 世代、10 世代、50 世代、70 世代と進化させていった時の最も大きい評価値を得たエージェントの軌跡を図 6-4 に表示します。

最初は、エサの少ない領域を動いているだけでしたが、世代を追うごとに、エサの少ない領域は避けてエサの多い領域を広範囲に探索できるように進化していく様子が見てとれます。

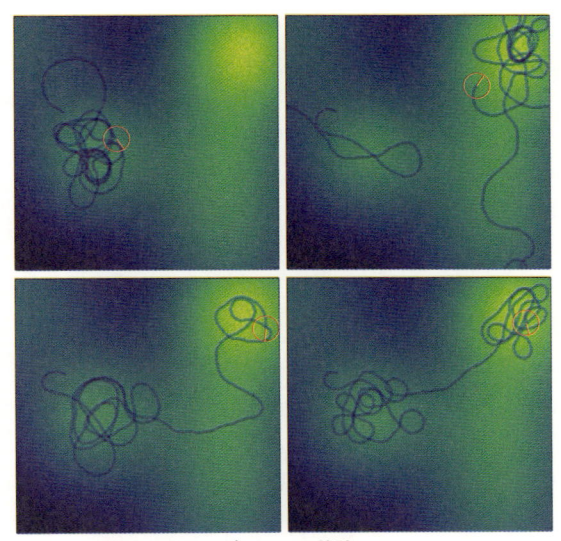

図 6-4　進化させたエージェントの軌跡

　異なる初期値からはじめた GA の進化で、エージェントが動くさまざまな軌跡のパターンを得ることができます。図 6-4 の他にも、ランダムに探索するエージェントや、できるだけその場にとどまりつつゆっくりと移動するエージェントなど、運動のパターンが GA で見つけられます。

　ニューラルネットワークの構造や、ニューロン数を変化させたり、選択、突然変異、交叉させる遺伝子の数を変化させたりすることで、自分でいろいろと試して、サンプル以上の結果を残すエージェントを進化させてみてください。

6.5　多様性原理と ALife の展望

　ALife では、適応度の高いところへ行くことばかりではありません。多様な個体が生まれるような進化プロセスも、当然あります。

　前の節ではエサを集めてくるエージェントを進化させました。ここでは、それが私たちの社会にどのようなインパクトを与えうるのか、それを議論してみましょう。

　進んだ技術は生命的に、つまり仕組みは一見わからないけれども自律的に動くようになります。あと 10 年以内に、ALife 的な存在が街にあふれるようになるのは想像に難くありません。この ALife が、私たちに新しい考えや言葉を作ることを迫るかも

しれません。そのことが、ALife そのものの技術を深めると同時に、人間同士だけではなかなか浸透させられない「多様性の原理」を進化させることができると考えます。

多様性の原理とは、自分とは外見も話す言葉も異なる相手を受け入れ、ともに話し合って共創的に社会を作っていく——そのための原理です。そして、ALife は生命の形を作り出してしまうことで、「ありえたかもしれない生命」を出現させます。その意味で ALife の取り組みは、現実の世界にすでに存在しているよりも多くの生命の形を作り出すことで、多様性を増幅させる効果があると言えます。

現在私たちが目にする生命は、この地球上の物理的化学的制約を受け、大きなダーウィン的な進化の流れの中で生まれたものです。もしこの制約を取り払って、細胞や DNA を使わずに、新しい進化の運動にさらされたらどうなるでしょうか？ そうした進化の中に生まれてくる生命に、思いを馳せる研究分野が ALife なのです。

もし、そうした ALife が誕生したならば、そこには結果として、人の知性を真似したのではない、必然性としての人工知能が現れるに違いありません。その知性は、システムの自律性を保証するための知性です。機械には、自分たち自身のために言葉を作り、新しい数学を作り、新しい技術を編み出し、自分たちで生きていくための知性が必要になってきます。

そのような観点に立てば、現在の自動化された車は依然として人のためのものであり、システムの自律性とは関係ないものです。人が安全に楽をするための道具にすぎません。自動化ではなく、"自律化"した ALife 的な自動運転車は、馬のような乗り物のはずです。

馬には馬のやりたいことがあり、時には草原をゆうゆうと走りたくもなるでしょう。馬は気に入らない乗り手を受けつけないものです。乗り手と心がつながって、そこに生命的な助け合いが生まれます。ALife 的な自動運転車は、こうした生命としての特徴を兼ねそなえた自律的な乗り物です。気に入られなければ、乗せてもらえないことでしょう。

このような ALife ＝自律的なシステムは、車だけではありません。冷蔵庫や電話から、部屋や家やプール、それにデジタルペットに至るまで、生命的な自律性が組み込まれる可能性があります。

「モノ（Things）」に生命性が宿り、あらゆる技術が生命化される未来——それは「物心化」される未来です。未来の世界で人間は、世界の中心ではなくなり、いつまでもガイア（地球を中心とした全生態系）の頂点にいたいというのは、人類のエゴというものになるでしょう。

　人類がガイアに働きかけ、フィードバックを受けて維持する現代を「人新世（anthropocene）」と言います。未来は、ALife を中心にすえた「ALife 世紀（alife-pocene）」とでも言うべき世紀になっていくのではないでしょうか？

　モリス・バーマンというアメリカの社会学者が、『デカルトからベイトソンへ──世界の再魔術化』（1981 年）という本のなかでこんなことを言っています [54]。「未来の文化は人格のうちにおいても外においても、異形のもの、非人間的なものをはじめ、あらゆる種類の多様性をより広く受け入れるようになるだろう」と。

　バーマンが参照している人類学者のグレゴリー・ベイトソンは、現象をその状態としてではなく、他の現象との関係性において記述しなければ、その本質にたどり着くことはできない、というラディカルな関係性の思考を説きました。ベイトソンは、精神分析家のユングに倣って、この生命的な関係性の世界を「クレアトゥーラ（Creatura）」と呼び、心を持たない物の世界である「プレローマ（Pleroma）」と対比させました。この考え方にそえば、機械的な計算を通して自律性を獲得した ALife 的な存在を、人間と切り離してとらえるのではなく、常に人間との関係性における意味を問うていくことができるようになります。つまり、計算的生命という、人間と異なる生命の在り方を認めることで、人が結べる関係性の範囲を拡げることができます。多様性という概念を拡張することにつながるでしょう。

　排除の論理とは、自己と対象との関係性を否定したうえで、断じて「私と異なるあなたは、私と関係がない」と言うことです。そのような思想が社会のあちこちで亀裂を生み、世界をますます狭く、貧しくしていることを現代の私たちは知っています。そうではなく、差異を認めつつ、相互の関係性を受け入れること。そのようにして、増大する多様性を受け入れることで立ち上がる新しい世界観、ユートピア、それを語る言語こそ、ALife が人類にもたらしうるものです。自律化した車は、そうした未来への第一歩ですが、その他にも多くの技術が、私たちの生きる世界の中で多様な関係性の形を実現していくでしょう。

　関係性を築き続けることは、相互作用（Interaction）によって実現されます。だから、ALife 研究の中では、多様性を増幅させるために相互作用の仕組みを考えることが重要になります。次章では、ALife エージェント同士の相互作用の進化について、詳しく見てみます。

参考文献

[43] Langton, C. G., Self-reproduction in cellular automata, Physica D., vol.10, p.135-144, 1984, doi:10.1016/0167-2789(84)90256-2.

[44] Hiroki Sayama, Toward the Realization of an Evolving Ecosystem on Cellular Automata, Proceedings of the Fourth International Symposium on Artificial Life and Robotics (AROB 4th '99), Beppu, Oita, Japan, p.254-257, 1999.
ウェブサイト：Structurally Dissolvable Self-Reproducing Loop & Evoloop: Evolving SDSR Loop（http://necsi.edu/postdocs/sayama/sdsr/）

[45] Penrose, Lionel S., Mechanics of Self-reproduction, Annals of Human Genetics, vol.23, no.1, p.59-72, 1958.

[46] Eigen, Manfred., Error catastrophe and antiviral strategy, Proc. Natl. Acad. Sci. USA. , vol.99, no.21, p.13374-13376, 2002.

[47] ウェブサイト：the Tierra home page（http://life.ou.edu/tierra/）

[48] Smith, John Maynard, Evolution and the Theory of Games, Cambridge University Press, December 1982.
邦訳『進化とゲーム理論—闘争の論理』J・メイナード‐スミス著／寺本英、梯正之訳／産業図書（1985 年）

[49] Press, William H.; Dyson, Freeman J., Iterated Prisoner's Dilemma contains strategies that dominate any evolutionary opponent, PNAS June 26, vol.109, no.26, p.10409-10413, 2012; https://doi.org/10.1073/pnas.1206569109; Contributed by William H. Press, April 19, 2012 (sent for review March 14, 2012).

[50] Lindgren, K., Evolutionary Phenomena in Simple Dynamics, in Artificial Life II, Proceedings Volume X, pp, 295-312, 1992.

[51] Holland John H., Adaptation in natural and artificial systems : an introductory analysis with applications to biology, control, and artificial intelligence, University of Michigan Press, 1975.

[52] Kacian,D.L.; Mills, D.R.; Kramer, F.R.; Spiegelman, S., A Replicating RNA Molecule Suitable for a Detailed Analysis of Extracellular Evolution and Replication, Proceedings of the National Academy of Sciences, vol.69, no.10, p.3038-3042, 1972.

[53] 石山智明, 伊藤則人, 柴田裕介, 土松隆志, 池上高志., 系統樹から迫る非生命 進化: 鳥居・雑煮・デジタルカメラ, 第7回日本進化学会大会ポスター発表, P2-46, 2004.

[54] Berman, Morris., The Reenchantment of the World, Cornell University Press, Ithacaand London, 1981.
邦訳『デカルトからベイトソンへ:世界の再魔術化』モリス・バーマン著／柴田元幸訳／国文社 (1989年)

7章
ダンスとしての相互作用

　模倣し合う、競合し合う、協力し合う、遊ぶ——生命個体同士は多様な相互作用、つまり関係性のパターンを見せます。その関係性は、相互の内部状態の推移によってダイナミックに影響を受けるものでもあります。

　私たちはどのように「相手」の存在を把握し、自らの行動にフィードバックしているのでしょうか？

　この章では、「模倣」や「予測」といったキーワードを紐解きながら、他者の実在感の認知から「間主観性」が立ち上がるという議論を踏まえて、6章で使ったエージェント同士を相互作用させるシミュレーションを走らせることで、相互作用と生命の関係性を探っていきます。

7.1　内部状態とアトラクター

　2章では、簡単なルールの相互作用が作り出す複雑な生命的なパターンを見ました。そして、3章では、相互作用の中で個が生まれ、それを保ちつづけるモデルを見ました。

　しかし、これらのモデルに足りないのが「内部状態」という概念です。例えばヤドカリにとっては、同じイソギンチャクが殻の装飾や食料になったり、または遊び道具になったりします。それは、ヤドカリの内部状態に依存するのです。

　ここまでのモデルは、基本的には内部状態を持たないエージェントでした。特にブルックスの「サブサンプション・アーキテクチャ」は、単純な反射行動の積み重ねで作られます。文脈が同じで、エージェントに内部状態がなければ、どんな場合にでも同じ結果になります。生物は、その時の内部の主観的な状態、あるいは記憶のあり方などによって、振る舞いが変わるわけです。

　力学系（決定論的な規則に従って時間発展により状態が変化するシステム）として

のカオス運動や非常に複雑な環境では、内部状態がなくても、生命現象的な「決まらなさ」が生まれます。

一方で、「生命的な意味が付与できる決まらなさ」は、内部状態のダイナミクスが大事になると考えられます。内部状態が、環境のもとで時間的にどのように変遷していくのか、その規則や方程式が作り出す「アトラクター（attractor)」（ある力学系において時間を経た後に定期的に観察される安定状態）の種類や構造は、事前にはわからない場合が多いのです。

そこで、本章では、エージェントに内部状態を持たせ、内部状態のアトラクターが複数ある構造を、エージェント同士の相互作用によって作れるようにします。複数のアトラクターがあるということは、いくつかの異なる文脈を内部に作ることになります。

例えばエージェントが、どんな場合にも怒るという内部状態しか持てないなら、話は簡単です。内部状態のない粒子の運動として書けてしまうからです。しかし、実際には怒り、悲しみ、喜びといった内部状態があり、例えばその3つの状態を複雑に巡るのであるならば、その都度、内部の文脈が異なると言えます。それがアトラクターの変遷として翻訳されます。

そして、この内部のアトラクターが移り変わるごとに、他者との相互作用が生まれたり消えたりします。生命現象における学習とは、「相互作用によるアトラクターの学習」だということになります。

そこで、学習という観点から相互作用を見ていきましょう。

7.2 コンピュータによる「学習」

昨今の人工知能技術の発展で、コンピュータも学習が得意になってきました。

例えば、ニューラルネットワークの技術であるディープラーニングによって、ゴッホやピカソ的な絵のスタイルを学習し、新しく絵を描いたり、すでにある画像を描き直したりする「スタイル・トランスファー」（画風変換）技術が作られています。

deepart.io というサイトでは、図7-1のように、どんな写真も選んだスタイル（この場合はゴッホの絵）になるように、自動的に変換してくれます。コンピュータによる絵のスタイルの学習です。

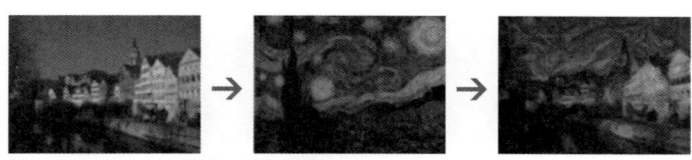

図 7-1　deepart.io のゴッホ風変換例
「DEEPART.io」（https://deepart.io/）より引用

　スタイルを学習するだけでなく、人間とコンピュータが協働で絵を描くこともでき
るようになっています。

　Google が 2017 年 4 月に発表した「sketch-rnn」というソフトウェアがありますが、
これはディープラーニングの応用で、人間が途中まで落書きのような絵を描くと、そ
の続きを描いて完成させてくれるものです。

　sketch-rnn の学習には、「Quick, Draw ！」というサイトによって集められた数
千万枚の落書きデータを使っています（ペンを持ち上げるタイミング、描画を停止す
るタイミング、移動する方向など、ペンを制御する一連のモーターアクションをデー
タとして取得）。絵を描く時の動的な動きから、その間の関係性も学習させています。
人間が途中まで描いた絵を補完してくれるだけでなく、描いて欲しいテーマを与える
とゼロから絵を描いてくれます。

　ただ単に学習したデータのコピーをしているのではなく、イヌは足を 4 本持ってい
る、ネコは耳とヒゲを持っているというような、「抽象概念」を学習している（よう
に見える）ところが、面白い点です。そのため、ブタの絵をお手本にトラックの絵を
描くように指示すると、ブタとトラックが融合したような絵を描きます。

　ディープラーニングは、sketch-rnn のように、これまで対象を認識したり分類し
たりする技術として、その威力を発揮してきました。例えば、自動運転の分野では、
車に取り付けたカメラの映像に映る人、自動車、標識、道路など多くの物体を高速に
正確に認識できるようになっています。

　認識や分類という意味では、人間の能力を超えるに至っています。

　自動運転を行うためには、こうした認識結果を、車の運転という制御につなげる必
要があります。それには、さまざまな認識結果と運転制御をつなぐルールを作成する
方法、あるいは、カメラなどのセンサー情報から運転制御を直接予測する「End-to-End
Learning」という方法が注目を集めています。

　しかし、以上の認識は、神の視点からの認識です。認識した結果として、エージェ
ントは認識したものと相互作用を開始するのですが、その最も大事な部分が考慮され

ていません。例えば、sketch-rnn と協働して絵を描いても、sketch-rnn に「他者性」や「生命性」は感じません。それは、人間とコンピュータのやり取りそのものを学習しているわけではなく、あくまでイヌ、ブタ、トラックといった概念と絵そのもののマッピングを学習しているからです。

また、自動運転の場合も、カメラなどのセンサー情報として入ってくる環境情報とアクセル、ブレーキなどの運転制御のマッピングを学習しています。そこには、相互作用という、個体と個体のやり取りから生まれてくるダイナミクスを学習しようという視点がありません。

次に紹介するような、相互作用に行動の予測や模倣という考え方からアプローチする ALife の研究は、物を認識してアクションに結びつけるのではなく、環境や人との相互作用の学習に生命性が立ち上がる、つまりは生命システムが最初に考えはじめる大事な相互作用の本質がそこにあることを知らしめます。

こうした考えは今後ますます、さまざまな分野で重要性が認識されていくでしょう。以下で、見体例を見てみます。

7.3　予測に基づく相互作用の学習

7.3.1　RNN を用いた実験

「リカレントニューラルネットワーク（Recurrent Neural Network；RNN）」は、1990 年にエルマンによって言語の学習に用いられ、有名になったニューラルネットワークです [55]。それまでのニューラルネットワークと異なり、RNN では、内部にコンテキスト（context neuron）を持たせることで、状況に依存したり、時間方向の学習をしたりすることが可能となり注目されました。

例えば、谷淳らは、RNN を用いてロボットのナビゲーションや身体模倣の実験を、予測（prediction）とその修正（regression）という方式で行ってきました。ネットワークの学習は、「誤差逆伝搬方式（back propagation）」、あるいは GA によって学習されるものです。

現在では、コンピュータの計算能力向上により、20 年前には難しかった何層にもニューラルネットの層を重ねたネットワークに RNN を導入することができます。RNN は言語の理解や翻訳、音声や動画の認識といった多くのジャンルで導入されています。 RNN の発展型としては「LSTM（Long-Short Term Memory）」があり、まさにこれは、現世に生き返った巨大ニューラルネットワークと言えるでしょう。

　しかし、本質的な部分は変わっておらず、予測するネットワークというフレームの
考え方は同じです。ですから今一度、かつての予測パラダイムを振り返り、そのうえ
で現代に戻ってみましょう。

　これまでの予測パラダイムは、どのようなものがあったのでしょうか？　エルマン
は 1990 年の論文の中で、

Manyyearsagoaboyandgirllivedbytheseatheyplayedhappily.

といったような文章に区切りを見つけるよう、ネットワークを学習させられることを
はじめて示しました。また、文中に出てくる「boy」、「girl」の組み合わせに関し、
最初に出てくる boy と 2 番目の boy とが、出てくる場所によってコンテキストが違
うものとして正しく解釈されることを示しました。

　図 7-2 は、そのネットワークの内部表象です。これが可能なのは、コンテキストルー
プがあるからです。さらにこの「エルマンネット」は、品詞を動詞と名詞や、動物と
他のものなどを自動分類してみせました。

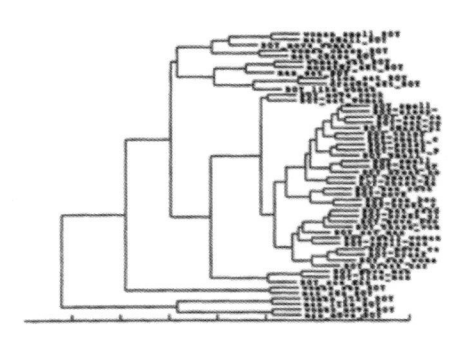

図 7-2　エルマンネットの内部表象
文献 [55]より引用

　谷淳らは、ロボットのナビゲーションシステムで、コンテキストと同時に次の風景
を予測、自分の運動出力も決定するというナビゲーション課題を、RNN を用いた認
知地図を学習することで解きました [56]。特に、分岐点のある迷路を動き回ると、そ
の認知地図は複雑な構造を示し、力学系として環境を学習することがわかりました。

　図 7-3 のように、8 の字を作る迷路の学習において、内部神経細胞とコンテキスト
ループが作る力学系は、うまく環境が予測できる時には周期解や固定点のように安定

なものとして、予測がうまくいかない時にはカオス的なものとして認識されることを示しています。

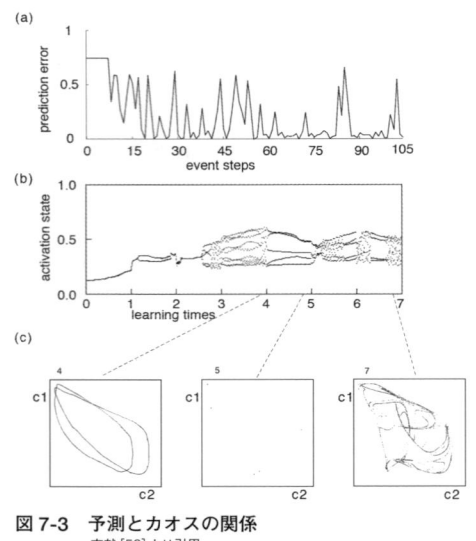

図7-3　予測とカオスの関係
文献 [56] より引用

7.3.2　相互作用を見るゲーム（CDR）

一方、相手もこちらと同じように予測をしてくるエージェントだとすると、話は一気に複雑になります。

池上高志らは、RNN を持たせた 2 つのエージェントを用意し、自分の入力に対する相手の応答の履歴から相手のモデルを学習し、これを使っての次の相手の行動を予測する問題を提案しました [57]。これを「Coupled Dynamical Recognizer;CDR」と言います。図 7-4 は、2 つのエージェントのそれぞれの内部モデルの変遷を示しています。

相手の状態が変わらない場合は学習することは簡単だけれども、相手がこちらの行動や学習によって変わってしまう、そうした相互干渉が行われるようなシステムの中で、ダイナミックに変化するモデルの変遷を見ましょう、というわけです。

例えば、この CDR を使って、6 章にも出てきた「囚人のジレンマゲーム」を行わせる実験をします [58]。

それぞれのエージェントは、相手のモデルを RNN で作ります。この時の相手のモデルは、過去のこちらの手（それを入力する）に対し、相手がどんな手を打ったか（それが出力される）、その入出力関係を RNN で学習させるのです。そして、それを用いて将来の手を予測します。つまり、自分がこう振る舞ったらば相手はこう振る舞う、そうすると自分はこうして相手はこう……という具合に 10 手先の未来まで予測し、自分の将来のリワード（褒美）が最大になるような自分の手を決めます。RNN のコンテキスト層と出力層のニューロンの値を用いて、三次元空間に相手のモデルを視覚化することができます。この時間的な発展を図 7-4 に見ることができます。それぞれ相手のモデルが変遷していくのを見ることができます。

この CDR の学習スキームでは、「しっぺ返し戦略（Tit For Tat）」［1 手目に相手が協調（黙秘）を選択していたら協調（黙秘）を選択し、逆に相手が裏切り（自白）を選択していたら自分も裏切りを選択する戦略］は、不安定な解となってしまいます。

6 章でも出てきた Tit For tat は、政治学者のロバート・アクセルロッドが実験として行った囚人のジレンマゲーム戦略トーナメントにおいて 2 回優勝し、有力な戦略として有名になった手法です。Tit For Tat は、内部状態を持たない単純な戦略です。しかし、相手の行動を予測して相互作用するという設定のみからは、協調的な相互作用は生まれにくいのです。それに、人は C/D のように記号を出し合って相互作用するわけではありません。そこで、もっと応用の効く相互作用の仕方を見てみましょう。

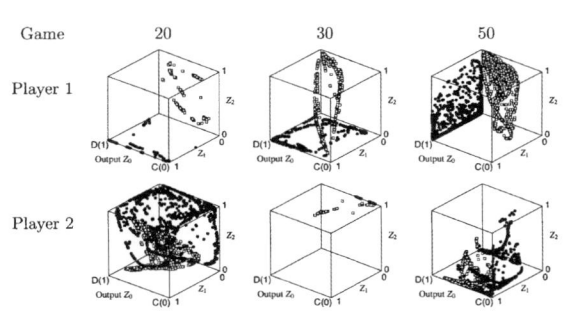

図 7-4　内部モデルの変遷
文献 [57] より引用

そこで、2 つのエージェントが空間を動きまわって追いかけっこをし、オニの役割を交互に交代するという相互作用を考えます。これを「ターンテーク」と言いましょう。ひとりだけがずっとオニの役割だったりすると、遊びとして面白くありません。そ

れぞれが同じくらいオニをやらないといけないのです。それで、相手を見ながら「え
いっ」と役割を相手と交換するタイミング、運動のスイッチを内部の RNN でできる
ように進化させます。インプットは相手の位置で、アウトプットは自分の速度を与え
ます。役割が時間内で半分半分にできるとすると「適応度」がよくなるとして、GA
で進化させます。

その結果、図 7-5 のように追いかけっこのパターンが、GA の世代とともに変化し
ていきます [59]。

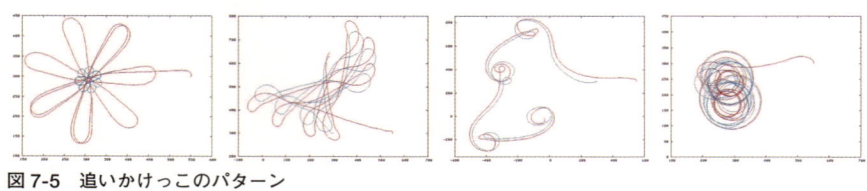

図 7-5 追いかけっこのパターン
文献 [59] より引用

図 7-5 は、2 つのエージェントの動きを赤と青の線で可視化したものです。赤が先
に走ったり、青が先に走ったりと、交互に線が描かれています。

進化が進むと、エージェントの動きは周期的で秩序的なパターンから、不規則で複
雑なカオス的なものに変化していくとともに、どんな相手ともうまくターンテークで
きるようになっていきます。

不規則で複雑なカオスになることは、いろいろなエージェントと役割を交換するう
えで必要なことのようです。そもそも役割を交代するには、途中で入れ替わる不安定
性を持たないといけないのと同時に、安定に相手を追いかけないとならないわけです。
それでどんな相手とも、うまくターンテークの行動を作り出せることになります。

この不安定性は、相手の運動の変化に「敏感」ということです。一方で、即座に反
応してこない相手とは、ターンテークが失敗します。

図 7-6 では、一度ターンテークできた相手の軌道だけを録画しておいてそれを再生
し、もう一方にはライブなエージェントを用意しています。最初は、再生でもターン
テークするように見えますが、やがてそこからずれていきます。相互模倣は、相手と
相互作用するから生まれるのであって、相手がこちらに相互作用しない時は、エージェ
ントは相互作用することから「飽きて」、離脱してしまいます。

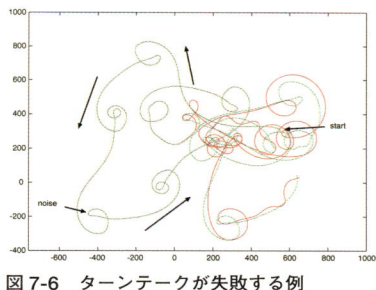

図 7-6　ターンテークが失敗する例
文献 [59] より引用

7.3.3　トレヴァーセンの実験

　コルウィン・トレヴァーセンという研究者による、母親と赤ちゃんが相互に模倣し合う状況を解析した有名な実験があります [60]。これは、母親と赤ちゃんを壁をはさんだ違う部屋に配置し、カメラを通して顔の表情を「真似っこ」する遊びをしてもらう実験です。

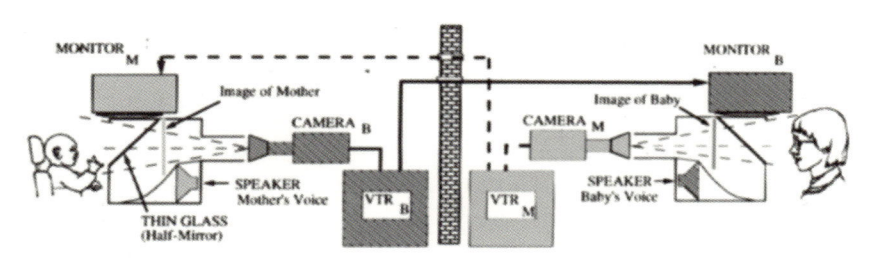

図 7-7　トレヴァーセンの実験
文献 [60] より引用

　カメラを通していてもライブならば、赤ちゃんは母親の顔を真似します。でも、母親のカメラの映像を録画されたビデオのリプレイに切り替えると、赤ちゃんはしばらくして飽きてしまい、そっぽを向いてしまいます。

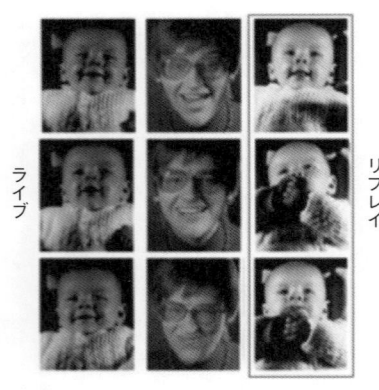

図7-8　トレヴァーセンの実験結果
（ライブとリプレイ）
文献[60]より引用

　これは、人同士が互いに模倣し合う場合、それは一方向的に絵画を模写するような
ものではなくて、何か相互作用的な働きが重要な役割をはたしているということです。
つまり、相手に模倣されるように、互いに協力するようなことがあります。この状況
はまさに、ターンテークのシミュレーション実験や、仮想世界でタッチして相手の存
在を確認する実験と通じるものがあるのです。

　相互作用を行うことは、相手を客観的にとらえるというよりも、二者関係の中でと
らえることを意味しています。二者関係とは、相手が見ている風景を見る、相手が座っ
ていた椅子に座るなど、二者の関係性の中での自分の行為を指します。これは、「間
主観性（inter-subjectivity）」と言われるものです。またこれは、人間がコミュニケー
ションの「その場」性に敏感だからだと思われます。人の相互作用の基本には、そう
したコミュニケーションの持つ不安定性と安定性が混じっていることが重要であると
思われます。

7.4　他者性

　人とやり取りできるロボットができたとして、ロボットはそこに「他者性」、ある
いは「生命性」を感じるのでしょうか？

　トレヴァーセンの実験に見るように、人と人との相互作用は本質的に共創的であり、
思わぬ面白いことが埋まっています。共創的であるとは、ターンテークのように、相
互に介入する構造を作っているということです。池上高志らが関わっている実験に、

「知覚交差実験」という実験があります[61]。これは、人と人とのやり取りに関する「実在感」について考えるものです。

　まず、2人の被験者に、仮想空間の中でアバターを動かしてもらいます。被験者が受け取れるフィードバックは、指に伝わるセンサーの振動だけです。それで、仮想空間の中の「相手」を判別するというものです。

　結果、自分が動くのではなく、相手が動いてこちらの指に信号が送られる時に相手の存在を感じること、つまりは「受身的なタッチ」によって強く相手の存在を感じるということがわかりました。

　これは、自分が動いていないのに、刺激が入るから相手の存在を感じる、ということではありません。それは「機能的」な理解です。そうではなくて、自分の中に期待が形成されている場合の受動的なタッチが大事だということです。

　ターンテークが生まれると相手の次の行動への期待が生まれますが、ターンテークを繰り返さなくても、相手の行動への期待は生まれます。その期待は、ある時間幅を持って満たされるのです。そこに相手の存在を感じてしまう——つまり、期待の形成こそが大事で、そこに内部状態のダイナミクスが関わっているということが言えます。

　相手と相互作用するうえで、私たちの心に立ち上がるのは、相手のモデルなのでしょうか？　それとも、何か相互に意識状態がシンクロすることなのでしょうか？　それとも、2人で作る共創世界なのでしょうか？　これは、生命システムに依存した相互作用のあり方です。

7.4.1　相互作用のシミュレーション

　これまで作ってきたエージェントは、内部に神経回路ネットワークを持ちつつ、ペアで相互作用し合うシステムでした。ここでは、4章で少し紹介した内部状態を持つエージェント・モデルの集団進化を考えます。そこで、6章で進化させた人工のエージェントが、集団にした時にどう振る舞うかを見てみましょう。環境にある物質を見つけて、それを取りに行くようにエージェントを進化させます。エージェントの内部には、ニューラルネットワークを実装します。

　複数エージェントの相互作用を実装するにあたって、エージェントと環境（化学反応）の両方に、簡単な改良を加えます。まず、エージェントは自分で同じ物質（例えばホルモンのようなもの）を出して歩くようにします。別のエージェントはこれを追いかけるし、自他の区別なく自分も追いかけるとします。

　すると、空間にはエージェントの軌跡と、もともとあった環境の物質が分布した状

態になります。最初、エージェントはもともとあった物質を探索しますが、やがて自ら分泌している物質を感知して探索するようになります。また、その物質は一定時間のうちに蒸発するように改良します。

　それでは、エージェントの集団行動のソースコードを実行し、詳しく見ていきましょう。

サンプルプログラムの実行方法

サンプルプログラムは、GitHubリポジトリのchap06_07ディレクトリにあります。
移動して実行してください。
$ cd chap06_07
$ python ant_nn_multi.py sampledata/gen0050_best.npy 3
sampledata/gen0070_best.npy 3

　Python スクリプトの実行時引数には、6章で進化させたエージェントのファイル名とそのエージェントの数を交互に指定していきます。

　この例では、sampledata ディレクトリ内の 50 世代（gen0050）が 3 匹（入力引数 sampledata/gen0050_best.npy 3）、70 世代（gen0070）が 3 匹（sampledata/gen0070_best.npy 3）の合計 6 匹が、ランダムな位置から同時にスタートします。

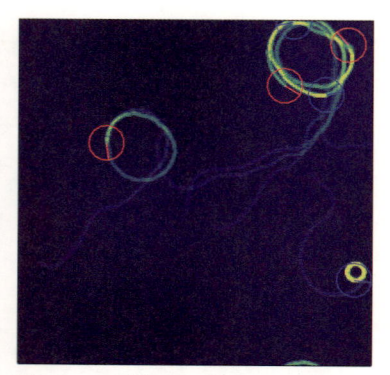

図7-9　50世代のエージェント3匹と
70世代のエージェント3匹

　他のエージェントが出した物質を追いかけ、結果として大きなループを描くパターンが発生します。ずっと走らせていると、時間経過とともにループが壊れて、自分の軌跡にトラップされているエージェントのダイナミクスを壊すような振る舞いも見られます。

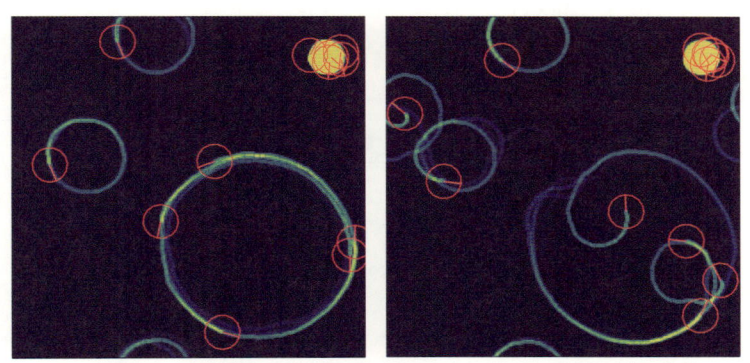

図 7-10　左図から右図へと、時間経過で大きなループが壊れていく様子（50 世代 12 匹の例）

　このマルチエージェントのプログラムの実装は、6 章のものとほとんど同じです。いくつかの相違点を中心に説明します。

　まずは、初期化のフェーズです。6 章と異なり、複数のニューラルネットワークモデルとコンテキストニューロンの値を保持しなくてはならないので、そのためのリストを用意し、実行時引数に従って準備していきます。

```python
agent_num = []
agent_nn_model_list = []
agent_nn_context_val_list = []

for i in range(1, len(sys.argv), 2):
    gene = np.load(sys.argv[i])
    num = int(sys.argv[i+1])
    agent_num.append(num)
    for j in range(num):
        nn_model = generate_nn_model(gene)
        decode_weights(nn_model, gene)
        context_val = np.zeros(CONTEXT_NN_NUM)
        agent_nn_model_list.append(nn_model)
        agent_nn_context_val_list.append(context_val)
```

```
N = np.sum(agent_num)
action = np.empty((N, 2)) # 各エージェントのアクションを収めるための (Nx2) の配列
```

実行時引数から、入力ファイル（遺伝子データ）とエージェント数を取得します。入力ファイルとエージェント数ペアを for 文で取り出し、変数 gene に格納された遺伝子データを gen_nn_model () 関数でニューラルネットワークのモデル nn_model を生成し、コンテキストニューロンを保持する context_val をも用意します。

作成されたモデルはすべて agent_nn_model_list、コンテキストニューロンは agent_nn_context_val_list に格納します。さらに、遺伝子ファイルごとのエージェント数は agent_num が保存し、すべてのエージェント数の合計を N とします。

続いて、AntSimulator の設定です。

```
simulator = AntSimulator(N, decay_rate=0.995, hormone_secretion=0.15)
```

エージェント数は上で求めた N をセットし、エサが蒸発するように蒸発率 decay_rate をセットします。また、エージェント自体も物質を分泌するようにするため、分泌量を hormone_secretion = 0.15 と設定しています（6 章ではデフォルトの decay_rate = 1.0, secretion=None でした。これら引数の詳細に関しては巻末の付録を参照してください）。

遺伝子が異なるエージェントは、違う色で表示するように設定を行っています。

```
# エージェントの遺伝子ファイルごとに色をセットする
idx = 0
if len(agent_num) > 1:
    for i, n in enumerate(agent_num):
        # x には 0-1 の間の等間隔の値が入る
        x = i / (len(agent_num) - 1)
        # x に応じてグラデーション色を生成
        r = max(-2.0 * x + 1.0, 0.0)
        g = min(2.0 * x, -2.0 * x + 2.0)
        b = max(2.0 * x - 1.0, 0.0)
        color = (r, g, b)
        for j in range(n):
            simulator.set_agent_color(idx, color)
            idx += 1
```

変数 x が 0 は赤、1 は青になります。各エージェントへの色設定は、AntSimulator クラスの set_agent_color() メソッドで行います。

最後に、シミュレーションをスタートします。

```
while simulator:
    sensor_data = simulator.get_sensor_data()
    for i in range(N):
        a, c = generate_action(agent_nn_model_list[i], sensor_data[i], agent_nn_
context_val_list[i])
        action[i] = a
        agent_nn_context_val_list[i] = c
    simulator.update(action)
```

注意しなければならないのは、AntSimulator.update() 関数の引数は N × 2 の配列であることです。行はエージェントの数、列は 6 章と同様に速度と角速度です。

以上のコードを、6 章で進化させた遺伝子ファイルと作成したいエージェント数を入力として与えて実行すると、複数エージェントのシミュレーションが動きます。

7.4.2 安定性と不安定性の共存

シミュレーションを走らせてみると、以下の 2 つのパターンが現れます。

・「パターン1」…自分の出した物質を追いかけてグルグル回る（図7-11左）
decay_rateを0.98, hormone_secretion=0.2でsampledata/gen0040_best.npyを6匹で実行

・「パターン2」…相手の出した物質を追いかけて複雑な軌跡を描く（図7-11右）
decay_rateを0.999, hormone_secretion=0.1でsampledata/gen0037_best.npyを12匹で実行

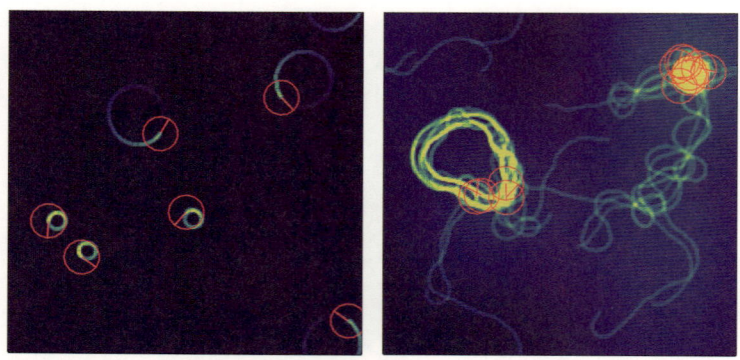

図7-11 パターン1（左）とパターン2（右）の例

その結果として、エージェントはみなで大きなループを描きます。アリは、時として「死の渦」と言われるものに向かっていくと言われますが、これは同じ現象が現れているのかもしれません。しかし、多くのアリの群れはそのような行動を取らないですんでいます。

大きなループは、徐々にその半径を増やし、やがて境界が不安定になり、あるところで分解します。ループを自己破壊して新たな探索に出るために、エージェントも途中で「飽きる」ということが必要になります。それはまた、個々のエージェントの持つ「行動のゆらぎ」を示しています。センサーからモーターへの流れがゆらいでいるようなエージェントが進化することで、大きなループは不安定化し、壊れるのです。

集団を作るし、それを壊しもする——先に見た安定性と不安定性の共存はここにも見られます。そもそも生命システムの集団運動というのは、その2つのバランスを取りながら成立するものでしょう。進化システムもまた、そのはずです。

次の8章「意識の未来」では、この個々の持つゆらぎをの構造を、意識の問題へと発展させます。

参考文献

[55] Elman, J. L., Finding Structure in Time, Congnitive Science, vol.14, p.179-211, 1990.

[56] Tani, J., An interpretation of the 'Self' from the dynamical systems perspective: a constructivist approach, Journal of Consciousness Studies, vol.5, no.5/6, p.516-542, 1998.

[57] Takashi Ikegami and Makoto Taiji, Imitation and Cooperation in Coupled Dynamical Recognizers. Advances in Artificial Life. eds. Floreano,D. et al., Springer-Verlag, p.545-554, 1999.
Takashi Ikegami, Gentaro Morimoto Chaotic Itinerancy in Coupled Dynamical Recognizers. CHAOS, vol.13, p.1133-1147, 2003.

[58] Takashi Ikegami and Makoto Taiji, Structures of Possible Worlds in a Game of Players with Internal Models Acta Polytechnica Scandinavica, vol.91, p.283-292, 1998.
Makoto Taiji and Takashi Ikegami, Dynamics of internal models in game players Physica D, vol.134, p.253-266, 1999.

[59] Takashi Ikegami and Hiroyuki Iizuka, Turn-taking Interaction as a Cooperative and Co-creative Process, Infant Behavior and Development, vol.30, no.2, p.278-288, 2007.

[60] Trevarthen, C. The self born in intersubjectivity, The psychology of an infant communicating., In U. Neisser (Ed.), Emory symposia in cognition, 5. The perceived self: Ecological and interpersonal sources of self-knowledge (p.121-173). New York, NY, US: Cambridge University Press, 1993.

[61] Hiroki Kojima; Tom Froese; Mizuki Oka; Hiroyuki Iizuka; Takashi Ikegami., A Sensorimotor Signature of the Transition to Conscious Social Perception: Co-regulation of Active and Passive Touch, Frontiers in Psychology, 2017, 8.01778.

8章
意識の未来

　意識とは何かという問題は、生命科学によってもいまだ解明されていない難しい問題であり、この謎が解けることがあるとすれば、それは人類だけではなく生命全体の理解に最大級の発展をもたらすでしょう。その意味では、これは ALife 研究にとっても究極的な問いであると言えます。

　この章では、人間の自由意志に疑義を突きつけたリベットの有名な実験を振り返りながら、意識というシステムの進化上の意味を考察し、意識を持つエージェントやロボットを作るという命題に構成論的にアプローチしてきた ALife の研究を紹介、意識の本質に迫っていきます。

8.1　意識のボトルネック

　ALife にとっての究極の問いは、「ALife エージェントが固有の時間と空間を生成し、人工的な意識を持てるのか」、ひいては「ALife は自由意志を持ちうるか」、といったものになるでしょう。これは、ALife を作ろうとする研究が進む中、必ずどこかで突き当たる問題です。

　脳神経生理学者のベンジャミン・リベットは ALife の研究者ではないのですが、意識や自由意志に関する、核心的な2つの発見を報告しています [62]。それは、「意識のボトルネック」とでも言うべき問題です。まず、そのリベットの発見した内的時間の出現、デジャヴュ（既視感 ; déjà-vu）、時間・記憶といった問題に触れてみます。

　人が意識して何かをやろうと思った、その 0.5 秒前にはすでに身体的にその準備ができている、それがリベットの最初の発見です。例えば、何かを手でつかもうと思った 0.5 秒前には、すでに手を動かすために必要な脳の活動がはじまっている、と言います。これはむしろ、脳の「計算」の効率をよくしているとも言えます。意識にいち

いち上げることは、すばやく何かをしようとする時にボトルネックとなるからです。この準備段階の神経活動を、「レディネス・ポテンシャル（readiness potential）」と言います。

　2つ目の発見は、イベント発生時間順序の逆転問題です。脳の皮膚の感覚野（第一次感覚）に直接刺激を与える場合と、その視覚野に対応する皮膚の部分に刺激を与える場合を考えます。この2つの刺激を同時に与えると、その時間的な順序が逆転して知覚されるというもので、以下に示す「逆行性遡及（ポストディクション：postdiction）」という現象です。

　直接刺激では、その刺激に対応する（例えば指を触っているような）感覚がすぐに立ち上がるわけではなく、やはり活動パターンが（偶然なのか）0.5秒続かないと、意識上にのぼってこないと言います。これも、意識に上がらないと刺激に気がつかないという意味で、同じくボトルネック、時間的な律速段階になっているように思えます。しかし、このボトルネックがないかのように感じさせる機構が、脳には働いています。それが、ポストディクションです。

　リベットは、刺激が脊髄の後ろの伝達経路を伝わって、脳の感覚野に到着する時にだけポストディクションを誘発する神経活動パターンか出現する、と言います。ポストディクションによって、時間をさかのぼって脳が刺激を受けた時間を優先、「今」とします。リベットが具体的に示した実験は、こうです。

　まず皮膚の指先を刺激します。この刺激信号は、T時間かかって脳に到達して指に刺激を受けたと感じるとします。指を刺激するのと同時に、脳の第一感覚野を直接、刺激すると感覚野に貼り付いている身体地図に基づいて、対応する身体の上に刺激を受けたと感じるはずです。いきなり脳を刺激すると当然、T時間だけ早く意識にのぼるはずです。しかし実際は、直接刺激より、皮膚への刺激の方が先に入ったように感じるのです。どうもそれによって、脳の中に不整合が起こるのを防いでいるようです。

　つまり、「意識」というシステムが、主観的時間を制御することで実際に起きているボトルネックによる時間遅れをカバーして整合的に見せ、自分の時間を自己組織しているかのように見えます。

8.2　リベットの実験

　リベットの実験と考察から明らかになったポストディクションという現象は、脳のメカニズムが、物理学の客観的な時間とは異なった、脳内の主観的時間を作り出していることを示しました。

　主観的な時間と客観的な時間のずれの問題は、リベットの 0.5 秒というミクロな時間スケールだけではなく、日常生活においても観測されることがあります。

　例えば、デジャヴュ（実際は一度も体験したことがないのにすでにどこかで体験したことのように感じること）を考えてみます。子どもはよくデジャヴュを見ますが、大人になるとめっきり少なくなります。これはなぜでしょうか？　もしもデジャヴュというものが、どこかで見たことのある記憶とマッチングを取るだけのものだったとしたら、大人の方がデジャヴュを見ることが多いような気がします。

　これはつまり、人は、実際には見聞きした記憶とは関係なく、何度も何度も自分の記憶を見にいったり、自分で新しい記憶を作り出して、擬似的に既視感を作り出すということなのかもしれません。デジャヴュが減るに従って、大人は時間が早く過ぎるように感じるようになりますが、子どもの頃の 1 年の記憶が歳をとってからの 5 年に相当するように感じられてくるのは、「映画的な心の時間」とでも表現できそうです。

　映画の中では、記憶の中の現象につけられる時間幅がどんどん変わります。映画では 1 分間を 1 時間で表したり、1 万年を 3 分で描いたりしますが、それはまさに心の時間で起こっていることの表象でもあります。

　それではデジャヴュは、矛盾をなくすために作られたニセの記憶なのでしょうか？

　しかし、少なくともそうやって矛盾するような記憶がどんどん入ってきて、それを何からの形で整合的にするために意識が統合的に働いているのかもしれません。まるでコンピュータの OS のように。

　最近では、矛盾をなくすための機構であるポストディクションを、知能ロボットへ応用することが試みられています。例えば、人工知能研究に特化するアメリカの非営利団体 OpenAI は、ポストディクションを使って、もともとのゴールとは違ったことをしてしまった場合にそれを振り返り、エラーとはせずに経験値として蓄えるシステムを発表しました。これにより探索的な運動を作って、メタな学習ができるというわけです。実際、すばやく問題を解くことができるようになるようです。

　リベットの意識の時間問題に関する主観的な時間と客観的な時間のずれの問題は、日常生活において他にも観測されます。例えば、自動車事故に遭う瞬間、あるいはガラスのコップが床に落ちてくだけ散るシーンがストップモーションのように見えた、という話を聞くことがあります。

　アメリカの神経心理学者のデイヴィッド・イーグルマンは、この心的スローモーションに関して面白い実験を行いました [63]。実験では、被験者をフリーフォールの乗り物に乗せます。落っこちるまでにどれだけ時間が経過したと思うかを報告させたとこ

ろ、実際の物理的な時間経過よりも長く感じている被験者がほとんどでした。そこでイーグルマンは、主観的な時間は、映像のフレームレートを上げる（人がなめらかに感じる映像は 1 秒間に 60 コマ <60fps>。それを 90 コマ、120 コマにする）ことに対応していると考えて、次のような実験を続けて行いました。

その実験では、通常では読み取れないほど速いフレームレートで文字表示が変化する腕時計を被験者に持たせ、それをフリーフォール落下中に読み取らせたのです。もしも実際に主観的時間のフレームレートが上がっていたら、高速変化する文字を読めるかもしれないということです。

残念ながら、有意に読めるという結果は得られませんでしたが、主観的な時間の伸長は意識を考えるうえで重要であり、主観時間スケールが計測可能なものだとすると、主観的な時間そのものが科学の対象となってくる可能性があります。

8.3　ロボットへの実装

しかし、そうした主観的な時間はロボットに必要なのでしょうか？　これまで生まれたロボットに、主観性のかけらが自然と生まれることはあったのでしょうか？

ALife におけるロボットのモデルの原型は、1950 年代の生理学者であるグレイ・ウォルターの真空管ロボット「マシナ・スペクラトリクス（Machina speculatrix）」です [64]。

ウォルターの作った 2 つの亀ロボット、エルマーとエルジーは、反射行動をしたり光を明滅させたりしながら、ダンスをしました。これは遊んでいるようで、そうだとしたら意識のためなのか、と思わせるものがありました。ウォルター自身は、亀ロボットは脳のプロセスを模倣していたといいます。

その後は、1980 年代のヴァレンティノ・ブライテンベルクの仮想ロボット「ブライテンベルク・ビークル」の話が、ロボットに興味を持つ多くの研究者の心をとらえました。5 章でも紹介したように、ブライテンベルクは、意味のある感情的あるいは認知的な振る舞いも、しょせんは電気回路のなせる技だということを仮想実験で示したのです。

イギリスのサセックス大学のインマン・ハーヴェイらは、ブライテンベルク・ビークルをシミュレーションにのせて研究を進め、進化ロボティクスという分野を立ち上げました。この実機バージョンを作ったのが、ロドニー・ブルックスであり、ダリオ・フロレアーノやステファノ・ノルフィです。

ブルックスのサブサンプション・アーキテクチャは、反射的なモジュールの階層構造と「ヘッブ学習」により、さまざまな知性的行為をする移動ロボットを作りました。

　ヘッブ学習とは、心理学者ドナルド・ヘッブが提唱した脳のシナプス可塑性について
の法則で、シナプスに同時発火が起こるとそのシナプスの伝達効率が強められ、
反対に長い間発火が起こらないとシナプスの伝達効率が弱められるというものです
（ニューラルネットワークの重みの学習はヘッブ学習によって行われています）。

　一方で、ニューラルネットワークにはもっと明示的な学習の仕方があります。それ
は目的関数を最大化する方向に、シナプスの伝達効率を変化させようとするものです。
ニューラルネットワークの出力の目標値と現在の値との差をネットワークに入力方向
に向かって逆伝搬させるこの学習方式を、「誤差逆伝搬方式」と言います。現在のディー
プラーニングで通常用いられる方法です。

　ブルックスのロボットは、実際に商業的に成功し、とうとう掃除ロボットのルンバ
を作り上げました。これらが成功をおさめたことで、逆に意識や時間の問題が宙に浮
いた形となったわけです。「意識は必要なのだろうか？」という疑念が生まれました。

　しかし、ブルックスのものに代表されるロボットは、なかなか複雑な振る舞いを作
れず、ゴキブリの知性までしかいかない、とアンディ・クラークも書いています [65]。

　そこで、90年代を経て、「リカレント・ニューラルネットワーク（Recurrent
Neural Network；RNN）」のモデルが注目されるようになりました。これは、RNN
に内部コンテキストを持ち込むことで、反射的ではない知性、認知地図に基づいた知
性を考えたわけです。これらは、意識のモジュールなのでしょうか？

　脳イメージング分析で知られるカール・フリストンが、予測の曖昧さを嫌うという
脳の特性に注目し、環境に対する変分ベイズ的な予測モデルを持たせた「自由エネル
ギー原理（Free Energy Principle；FEP）」が、脳のモデルとして受け入れられつつ
あります [66]。

　つまり脳は、反射的でなく、やはり何か外部環境に対する「内部モデル」を持ち、
予測するということです。ブライテンベルク的な自律ロボット（生命性を感じるのは
観測者の側にあるという視点）から、外界に対するモデルを持つロボットへと現在は
展開しているとも言えます。意識を持つこととは、そうした内部モデルを持ち、予測
することを意味するのでしょうか？

　一方、ブルックスの作るロボットは、中枢神経系を持っていない昆虫などに相当し
ます。脳がない生物は、昆虫をはじめたくさんいますが、彼らは内部モデルを作らな
い、ということは意識を持たないのでしょうか？

　ブルックスは、世界が自分の表象であるということを、ショーペンハウアーのよう
に語りもします。ゾウリムシや昆虫や大腸菌には、（遺伝的なことだけで決まる）意

識は存在しないようにも思えますが、ゾウリムシにとっても世界そのものが表象であるならば、外在化した意識はあると言ってよいのではないでしょうか？

イヌやネコの意識を疑う研究者もいますから、昆虫に意識はないという人も多いでしょう。昆虫はそれぞれの部位でそれぞれの計算をし、それぞれの部分で記憶を持って処理するような、超並列型の知覚システムです。システムがロバストであるためには、そうした分散的で非同期的な計算は必要となると思います。これは、それこそサイバネティクスの初期から言われてきた「盲目の時計職人」のことです。

しかし、それだけでは、そこに意識は立ち上がらないかもしれません。意識などなくてもシステムは、十二分に世の中でやっていけるのです。だとしたら、生きていくうえで意識は必要ない、ということなのでしょうか？

ここで、意識とは「直列的な時間の流れをともなったもの」だということにして、考えてみましょう。もし意識の時間が多時間的だとしたら、そこに意図や意思をのせるのが難しいようにも考えられるからです。最も直列的に感じさせるのが先に述べたポストディクションであり、それこそが意識の正体ではないか、と考えるむきもあります。

仮に、世の中にそのような意識のない、ひとりの中にたくさんの時間がある多時間系列を持った生物がいるとするならば、そうした生物にはおそらく、リベット的なボトルネックは生じないでしょう。またそれは、はるかに効率的に行動することでしょう。そう考えていくと、進化そのものが意識を作らない方向に向かうかのように思えてきます。

意識を持つことで意思決定には逡巡が生まれ、行為生成は遅れてしまい、生存には不利となります。一方で内部モデルを作り、予測することは可能になります。進化は常に、行動が速く、複製速度も速い方に加速します。例えば、6章のRNAの例で見たように、遺伝子は短く簡単な方が自己複製は速いので、ミニマルな複製遺伝子に向かって進化することになります。

しかし、実際にはそうではありません。冗長な遺伝子も多いのです。意識も同じ観点から見ると、どう見ても無駄なことばかりさせるように思えてしまいます。

脳の創造性は、非効率的な脳の冗長性から生み出されるようにも思えてきます。意識というのは最初に述べたのとは違って、情報の統合のために必要なのではなくて、人間特有の創造性、想像力、芸術、思考の変容のためにこそ必要なものなのかもしれません。すべてが無駄ではないという理論を作るならば、そうした創造性は回り回って自分を有利にするとも言えます。

ALife の文脈でも、「冗長性」は随所で大事になっています。そこで、脳の無駄な部分ばかりを強調したようなロボットを次に議論してみましょう。それは、ALife が、最適化のためのツールではなくて、むしろ創造性を生成し、理解するための方法論でもあることを確認したいからです。

例えば、探索的な行為、「反実仮想」(「 もし～だったら…だろうに」というように事実と反対のことを想定すること）をしているかのような、新しい運動パターンを作り出すロボット、そういうものを ALife のプログラムに準拠したロボットは構成できるはずです。

それを仮に、「意識′（意識ダッシュ)」を持つロボットとしてみましょう。ALife の真骨頂は、実際にハンズオンなロボットを作ってみせることにあります。

以下で、実際に行われた研究からいくつかを紹介しましょう。

8.4 意識′ 状態を持ったロボット

ブライテンベルクのビークル製作は、反射的なものから、内部状態を持ったものへと変化するわけですが、カール・フリストンの言葉で言えば、それは意図的（goal-oriented）な運動生成から、習慣的（habitual)、無意識的な運動生成への進化と言えるかもしれません。環境の状態を直接知覚し、それを元に行為選択するということではなく、環境の状態に対する信念のようなものがあり、それを元に自動的に行為選択されるようになる、ということです。

つまりは、ブルックス的な「世界が表象である」というアイデアのように、意識の半分は内側から、あと半分は外側から作られるという考え方です。

以下で紹介するような LEGO ロボット、ペグ取りロボット、三角四角判別ロボット、点滅周期判別ロボット、音で踊り出すロボット、「見かけ上の試行錯誤」（VTE）するロボットを見てみましょう。この最後の試行錯誤しているロボットは、予測をしているのかどうか、そうしたことを議論してみましょう。

● LEGO ロボット

最初のロボットは、簡単な LEGO ロボットで、音と光のセンサーを元に学習し、ゴールへ向かうロボットです。

音と光を両方うまく使ってゴールを目指す学習が、可能になります。内部にあるのは、ヘップ則（あるニューロンと別なニューロンが同時に発火する場合、その結合が強まる）です。光の方に、あるいは音の方に向かうような学習が進みます。

　時にこの2つの情報源はコンフリクトしますが、ロボットはゴールに向かうことが可能です。ゴールに進むと光センサーが強く反応して、学習を強化し続けると、ゴールへ向かう行動の傾向が維持されます。

図 8-1　LEGO・ロボット

　最近、同じ種類の学習機構の応用として、その逆の「刺激を避ける原理」というものが、同じヘッブ学習から導かれることを見つけました [67]。それは正確には、「Stimulus Time Dependent Plasticity：STDP」という、刺激と応答の時間スケールに依存した可塑性で、実際のシナプス学習ではおおよそ30ミリ秒のスケールです（刺激を受けたニューロンが活性化してから30ミリ秒以内に応答するニューロンが活性化すれば、その間の結合は強められるが、その時間順序が逆だと、逆に弱められるという可塑性です）。この学習ルールから、刺激を避ける学習が進む性質を導きました。さらに、この原理を使ったロボット実験を行い、興味深い学習を得ることができました。

　この実験では例えば、ロボットが壁にぶつかるとセンサーから刺激が入ります。それを運動を制御するニューロンと結び付けます。壁の方に向かってロボットが前進するとセンサーに信号が入り、どんどん強化されていくのは、先ほどのシナリオと同じです。

　しかし、今回のロボットの実験では、壁に衝突するとそれを避けようとするニューロンが活性化するとします。何度か前進を繰り返すとそのたびに学習が進み、衝突しなくなった時にはセンサーも活動しなくなり、先のSTDPの学習が停止します。いったん学習が進むと、センサー入力があるとすぐに抑制する行動が作れるようになるの

です。まるで、衝突するのを予測しているかのように前もって向きを変えるので、衝突はしません。

「予測＝意識」だとするならば、こうした神経学習機構に意識の源があるのかもしれません。また、ここには予測モジュールというようなものは埋まっていないため、あくまでも神経細胞レベルの学習の結果であると言えます。ただしこれは、入出力の因果関係が環境にあるため、つまりニューラルネットからの出力が自身の入力を生じさせる原因のそのまた原因を制御できるからこそ、うまく学習できるのです。現在、この研究はまだ続いています。

●ペグ取りロボット

ロルフ・ファイファーらは実験で、先の神経細胞の学習を階層的に組み上げ、自律的なロボットを作りました[68]。

具体的には、ダリオとステファノらが開発した初期の Khepera（ケペラ）ロボットにフックをつけ、2つの異なる大きさの「ペグ」の置いてあるアリーナで動かしたのです。進化アルゴリズムで進化させると、フックに合う自分で運べる大きさのペグを回収し、ゴールを目指すようになります。

進化の最初のフェーズではどの大きさのペグを持てるかを試していますが、やがてその見極めは早くなります。この結果から、大きさを知覚すると言えるかが議論となりました。これは、「大きい」「小さい」という概念も身体運動に関係付けられてこそ生まれる、ということを示した実験として有名です。

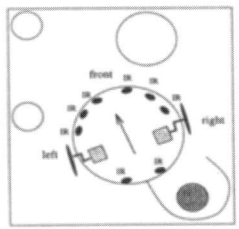

図 8-2　ペグ取りロボット

●三角四角判別ロボット

仮想空間で動くロボット・シミュレーションにおける物の区別の例でも、考えてみましょう。これも小さな RNN を積んだロボットを GA で進化させ、形を区別するよ

うにします [69]。

　図 8-3 の例では、さまざまな大きさと向きの三角形と四角形を区別するように育てます。図は、その時のロボットの軌跡です。進化させるうえでのタスクは、四角形には多くとどまり、三角形は無視するというものです。進化ごとにロボットには個性があって、ひし形が不得意だったりと、いろいろです。どのような三角形でも区別できるかというと、やはり区別する傾向のようなものが生まれます。

　それは、三角形の内角の和は 180 度といった抽象的な区別ではなくて、運動の形態の中で区別されていくものです。その意味でこれは、先のペグの大きさを区別したファイファーのロボットと似たところがあります。身体性に基づいた区別の創発と言うことができます。

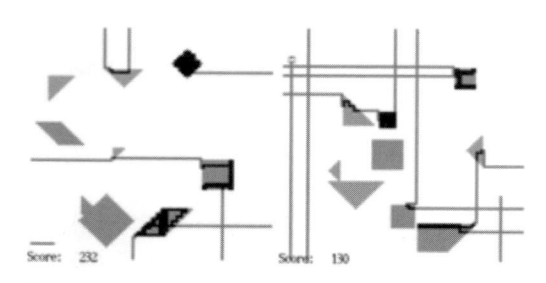

図 8-3　三角四角判別ロボットの軌跡

●点滅周期判別ロボット

　仮想空間のロボット（図 8-4 左）で、ゴールにある光の点滅周期（図 8-4 右）を見て、ロボットが異なる点滅周期を区別するように進化させることができます [70]。

　ある点滅周期では近づき、それ以外では近づかない、なるべく半分くらいの点滅が区別できるとよい、というタスクで進化させました。このモデルの大きな特徴は、ロボットが常時、外からの信号を受け取っていない点です。

　ロボットは、自分の内部状態に応じて、センサーを閉じたり開いたりします。閉じている時には内部のロジックで動き、開いている時には外部のロジックで動かすことができます。閉じたり開いたりすることで、世界のモデルを自分自身で作ってしまうのではなく、周囲の世界を表象することが生まれていくわけです。

　このタスクは、チャンネルの自律的な開閉がなくても達成できると思われますが、「表象の生成」の意味、いつも環境から情報を取得しているわけではなく、時々は無

視をするということをより明確に示すために行いました。

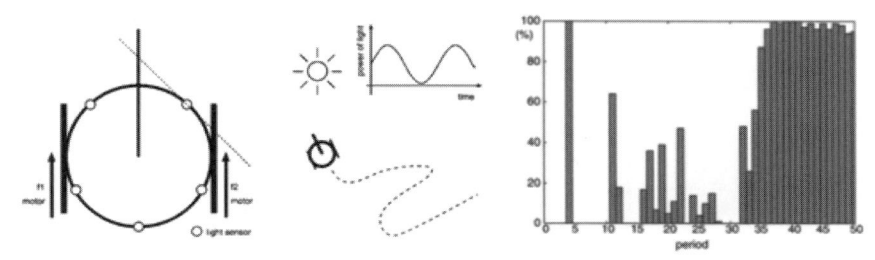

図 8-4　点滅周期判別ロボット（左）と点滅周期判別結果（右）

●音で踊り出すロボット

　こちらも現実のロボットの実験です。両輪がスピーカーになった既成のロボット（miuro）を使って、運動と認知の問題をさらに検証したものです[71]。ロボットは、曲に応じて自発的にダンスを生成して踊ります。

図 8-5　音で踊り出すロボット（miuro）

　頭にあるプレイヤーで CD をかけ、その曲をフィッツフュー - 南雲型（FitzHugh-Nagumo model）のニューラルネットワークに入力します。このニューラルネットワークはコンピュータに入っていて、そのコンピュータから miuro が入力を受け取るわけです。

　コンピュータは、出力として miuro の両輪の回転トルクを計算、miuro に送り返します。この時、ゼロ点何秒かの遅れをともないます。そのため、すべてをコンピュータの中でやるように設計すると、音楽と運動は全然かみ合っていないように見えます。

　そこで私たちは、「ロボット時間」と呼ぶバッファ時間を作ることで、この問題を解決しました。中間スケールの時間を用意して、そこである程度積分、その値をロボットに渡すのです。そうすると、ロボットが曲に合わせてダンスを踊っているように見せることができました。

　中間の時間スケールとでも呼べるロボット時間が、現実と仮想の空間をつなぐ橋渡しになっています。これは、リベットの主観的な時間の構成が、ロボット実験をするうえでもやはり必要なのではないかと想像させるものです。

●「見かけ上の試行錯誤」（VTE）をするロボット

　ここまでの実験で見えてきたように、ロボットは自分の身体運動を介して世界を認知します。別の例が、ラットに見られる「見かけ上の試行錯誤（Vicarious Trial and Error；VTE）」というものです。

　これは、ラットが現実に対処するために仮想空間でシミュレーションするといったものかもしれません。VTE は、ラットが迷路の分岐点で停止して、鼻面を左右にゆらす挙動を指す言葉として、1930 年代に定義されました。

　この VTE 生成ロボットは、ボヴェとファイファーによって提案されたロボットを使っています [72]。そのロボットから、VTE が出るかを調べました [73]。近赤外線のセンサー（IR）とご褒美モジュール（Reward）、視覚センサー（Vision）、触覚センサー（Touch）、移動出力（Motor）が、人工のニューラルネットワークで構成され、さらにその間も信号をやり取りする方形で結合されています。

　これらの結合は、先述したヘップ則で学習されていきます。この場合のタスクは、T字型の迷路での学習です。曲がり角の前に触覚刺激のパターンがあり、そっちに回ると曲がった廊下の行き当たりにご褒美がある、それを見つけなさい、というものです。

　図 8-6 は、2 つのロボットの異なるネットワークの構造を示しています。冗長的な結合ネットワークを持つ場合（左の全部つながったもの）と、そうでない場合（タスクを達成するために考えたミニマルなもの）を比べてみます。すると、左側のものだけが VTE を作ることを見出しました。かつ、VTE を示せる方が、汎化能力が高い（すなわち、迷路の幅を変えたり、ロボットが動き出す位置によらずにタスクが遂行できる）ことが見出されました。

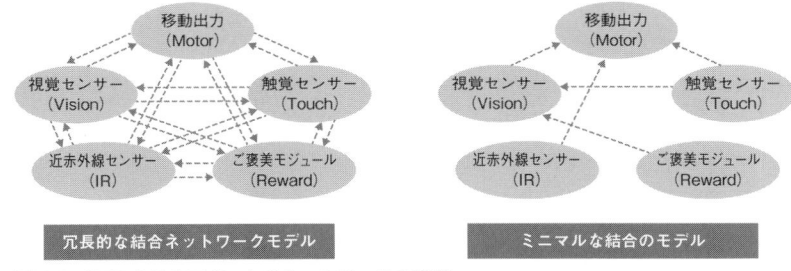

図 8-6 VTE を示すロボットのネットワークの構造

VTE のロボット実験からわかることは、ゴールに行き着こうとするロボットが、タスク達成のための行為と同時に、さまざまな「行動のゆらぎ」を発生させるということです。それは、意図しない身体の形から生じる運動とでもいうべきもので、だからロボットの「無意識」とでも呼びたくなるものです。それと同時にロボットは、内部モデルにより環境を表現し、環境の認知的地図（実際の地図とは異なる、主観的な「見え」から生まれた地図）を生成して自分の行動プランを立てます。

ALife で考える生命の本質とは、この本を通して見てきたように、学習のゆらぎや進化における変異こそが、個体性（individuality あるいは agency）を生み出すことだと言えます。VTE は、そのような、個体にとって重要な「妄想する」力だと言えるでしょう。

8.5 意識を持つエージェント

究極的に、意識を持つロボットは生まれるのでしょうか？ これまでのところ、意識に単なる神経発火の随伴現象以上の意味を持たせるとしたら、それは「自然の作ったVR（仮想現実）」ということになるでしょう。

どこにも本当の現実などというものは存在しない、すべて脳が作り出したものであるとするならば、その自然の VR を持ったエージェントが進化してくれればよいのです。ここで紹介したロボットモデルは、環境あるいは相手のモデルを（結果として）シミュレーションで作り出すことはできました。その生成される VR を実際に使いながら実環境を動くエージェントは、VTE を示し、自分で環境とのカップリングを作ったり、なくしたりするシステムです。

こうしたエージェントは、外の環境を一度内部の表象で書き換え、それで自分の行動パターンも含めて予測するようになるでしょう。その表象による予測が正しいよう

に修正しつつ、予測もします。そして、その表象によって作られるシミュレーションに従って行為選択していきます。これは、カール・フリストンや谷淳の発想に近いものかもしれません。心理学者のヘルムホルツやそれを再解釈してみせた物理学者オットーレスラーも同じようなことを考えていたようにも見えます。

こうした予測と修正モデルは、自動運転する車にも搭載されていくかもしれません。そうして内部の表象を持つことで、目的地を与えると自動的に向かってくれる車はできるわけです。

目的を自分で決定する車ができると、それはいよいよ生命的だとなります。しかし、表象と予測のモデルが正しいとして、はたしてこのエージェントは、繰り返し囚人のジレンマゲームで協調したりできるのでしょうか？　内部モデルを作ったとしても、うまくいきません。それが先述したモデル生成の難点でした。

囚人のジレンマゲームでは、2つの行為選択ができます。ひとつは協力の「C」、もうひとつは裏切りの「D」です。繰り返してこのゲームをさせる時に、CかDかを毎回選ばないといけないのです。

ここで安定なモデルは、「常に裏切る：ALLD（ALL Defect）」です。これは安定なモデルですが、協調解（お互いに協力のCを出す）を生み出すモデルではありません。協調解を出すには、7章で紹介した追いかけっこのように、プレイヤーの中で安定性と不安定性がモデルのどこかに備わっていることが大事です。ここではつまり、時々Cを出すような行為、試行錯誤です。

生命の世界が、デフォルトで「ALLD」（非協調）であるならば、試行錯誤のCがないと、生命のいる世界で安定な関係性を作り出すのが難しくなってしまいます。

例えば、試行錯誤のCを出すことで、潜在的に協調できるエージェントを発見することができます。現実世界の難しいところは、相手のモデルを作りつつ、協力する試行実験ができないことです。常に本番であることが、現実に生きることの難しさでもあるのです。しかし、そうした試行錯誤的な行為こそ、創造的で協調的な世界を形成しうるということでしょう。

現実と非現実、あるいは現実と夢のように、内的外的にフィードバックを受けつつ、世界にコミットしなくてはいけない、つまりは「開いた表象」が必要になる——これはどういう意味でしょうか？　正しいモデルを作りつつ、虚構の世界にも入り込む、そんな矛盾したエージェントとなるということです。意識の機能がそういうものであるとすれば、脳はVR生成装置そのものなのです。

ここでやっと、ロボットから生命的なことへの「跳躍」がやってくる気がします。

内部的な動機づけ、一次欲求と二次欲求、好奇心、遊び心、そうしたものへのリンクを作らなければ、ロボットは生命にはなりません。

　現在、モデルに現実／非現実の区別を与えるために、「GAN（Generative Adversarial Network）」と呼ばれる生成装置が一役買っています。GANは、生成器と判別機の両方を持っているモデルです。生成器は、本物そっくりなものを作って判別機をだませるように学習を進め、反対に判別機は、生成器が作ったものを判別できるかどうか、お互いに競合しながら学習をします。

　Adversarialとは「競合する」という意味で、モデルの中に現実（最初に外から与えられる入力）と、非現実（入力を元に機械が生成するもの）を作り出しながら、学習していくモデルです。これによって、これまでは考えられないくらい精密な外部のイメージを作ることができるのです。

　あるいは「Deep Dream」と呼ばれるような、見かけと現実世界を混ぜた世界認識を持つエージェントも作ることもできます。これは、ただエージェントがそう思っているということではなく、私たち人間もまた、そういうことをしているシステムという意味です。

　エージェントに、このような「見え」をフィードバックしたものを元に行為生成させるのはどうでしょう？　つまり、記憶したものと「今・ここ」で体験する現実像との差異が、すさまじい勢いで誤差を修正するという意味ではなく、フィードバックをかけることで生まれる情動や、動機付け、未来予測と、他者への思い、そこにこそ意識の創発が見え隠れすると考えてみます。意識は、そういうフィードバックの中で生まれる要求であり、情動、感情の発露かもしれない、ということです。

　ドイツのヴィスナー＝グロスらは、未来の行為による多様性（エントロピー）を増やす方向に行為が選択される、というモデルを提出しています[74]。同様なモデルが、イギリスのダニエル・ポラーニらによって出されています[75]。

　私たちがこうした研究から受け取れるメッセージとは、力学系的なモデルへの懐疑です。

Life is what happens to you while you're busy making other plans.
（人生とは、自分がいろんな計画で忙しくしている間に起こることだ）

　これは、ジョン・レノンの言葉です。プランはすなわち力学系的な未来のことですが、実際には予測できない、外から介在してくるものが未来を決定していくというこ

とです。

　意識とは、未来を予測することではなくて、現実を生きるために否応なく力学系的にはなれない、その時に生まれる心の形だと言えるかもしれません。意識は、それを論じている論文の数だけ定義があるといわれるくらいに、ひとつに収束させられないものです。ましてや、意識のあるシステムを論じるのは時期尚早なのかもしれません。

　しかし、力学系からはじまった ALife の研究（本章で紹介したモデルもその多くが決定論的な規則に従って時間発展により状態が変化するシステム、力学系です）で生命を突き詰めた結果、非力学系的なもの、非決定論性が残るというのは、面白いことです。

　ここから先は、今まさに進行中の世界中の研究の中で明らかになっていくことでしょう。

参考文献

[62] Libet, Benjamin.; Gleason, Curtis A.; Wright, Elwood W.; Pearl, Dennis K.; Time of Conscious Intention to Act in Relation to Onset of Cerebral Activity (Readiness-Potential) - The Unconscious Initiation of a Freely Voluntary Act, Brain, vol.106, p.623-642, 1983.

[63] Eagleman, D. M., Distortions of time during rapid eye movements, Nat Neurosci, 2005a, vol.8, p.850-851.

[64] Walter, W. Grey., An imitation of life, Scientific American, 182.5, p.42-45, 1950.

[65] Clark, Andy., Being There: Putting Brain, Body, and World Together Again, MIT Press, Cambridge, 1997.
邦訳『現れる存在 脳と身体と世界の再統合』アンディ・クラーク著／池上高志、森本元太郎監訳／NTT出版（2012年）

[66] Friston K.; Kilner J.; Harrison L., A free energy principle for the brain, J Physiol Paris, Jul-Sep, vol.100(1-3), p.70-87, 2006.

[67] Julien Hubert; Eiko Matsuda; Eric Silverman; Takashi Ikegami, A robotic approach to understand robust systems, The 3rd International Symposium on Mobiligence, p.361-366, 2009.

[68] Christian Scheier; Rolf Pfeifer, Classification as sensory-motor coordination, Proceedings of European Conference on Artificial Life (ECAL 1995), p.657-667, 1995.

[69] Gentaro Morimoto and Takashi Ikegami, Exploration Behavior in Shape Discrimination, AI Robotics and Control Proceedings of the 4th International Conference on Human and Artificial Intelligence Systems, Advanced Knowledge International Pty. Ltd., p.209-214, 2004.

[70] Hiroyuki Iizuka and Takashi Ikegami, Simulated autonomous coupling in discrimination of light frequencies, Connection Science, vol.17, p.283-299, 2004.

[71] J. Aucoutier, Yuta Ogai and Takashi Ikegami, Making a robot dance to music using chaotic itinerancy in a network of FitzHugh-Nagumo neurons, Proc. of the 14th Int' l Conf. on Neural Informaiton Processing, 2007.

[72] Bovet, S., Pfeifer, R., Emergence of delayed reward learning from sensorimotor coordination, IEEE/RSJ International Conference on Intelligent Robots and Systems(IROS), Edmonton, p.841-846, 2005.

[73] Eiko Matsuda; Julien Hubert; Takashi Ikegami, A Robotic Approach to Understanding the Role and the Mechanism of Vicarious Trial-And-Error in a T-Maze Task, PLoS ONE, vol.9, no.7, 2014, e102708.

[74] Wissner-Gross, A.D. and Freer, C.E., Causal Entropic Forces, PRL 110 168702, 2013.

[75] Jan T. Kim; Daniel Polani, Exploring Empowerment as a Basis for Quantifying Sustainability, ALIFE, p.21-28, 2009.

付録
本書で使用している
オリジナルライブラリ

　本書のサンプルプログラムでは、シミュレーション結果の可視化や、エージェント
モデルの環境シミュレーション用の簡易ライブラリを利用しています。ここでは、そ
れらの使い方について説明します。

1.Visualizer

　alifebook_lib.visualizers 内にある XXXVisualizer クラスは、シミュレーション結
果を可視化するためのクラスです。初期化後に update メソッドを呼ぶごとに画面が
更新されます。

　また、アプリケーション実行中は bool(visualizer) は True を返しますが、閉じる
ボタンを押すなどで終了すると False を返します。

　以下は、典型的な使い方です。

```
visualizer = Visualizer()

― シミュレーションの初期化処理 ―

while visualizer:

    ― シミュレーションを進める処理 ―

    visualizer.update(simulation_result)
```

　以下に各クラスの初期化パラメータ、update メソッドの引数、各クラス独自に使
えるメソッドの紹介をします。

---

class ArrayVisualizer(width=600, height=600, history_size=600, value_range_min=0, value_range_max=1)

一次元配列を可視化するためのクラス

update の引数：

NumPy の一次元配列

初期化パラメータ：

width, height (optional)

表示するウィンドウのサイズ

history_size (optional)

何個前の配列まで画面に表示するか

value_range_min, value_range_max (optional)

表示する配列内の最小値と最大値（この幅をはみ出る場合はこの値として表示される）

---

class MatrixVisualizer(width=600, height=600, value_range_min=0, value_range_max=1)

二次元配列を可視化するためのクラス

update の引数：

NumPy の二次元配列

初期化パラメータ：

width, height (optional)

表示するウィンドウのサイズ

value_range_min, value_range_max (optional)

表示する配列内の最小値と最大値（この幅をはみ出る場合はこの値として表示される）

---

class SCLVisualizer(width=600, height=600)

SCL モデルを可視化するためのクラス

update の引数：

本書 3 章で紹介しているフォーマットで SCL モデルの情報を渡す

初期化パラメータ：

width, height (optional)

表示するウィンドウのサイズ

class SwarmVisualizer(width=600, height=600)

三次元空間での方向を持った点群（鳥の群れなど）を可視化するためのクラス

update の引数：

第 1 引数は点の位置。第 2 引数は各点の向きをそれぞれ N × 3 の NumPy
二次元配列形式で渡す

初期化パラメータ：

width, height (optional)

表示するウィンドウのサイズ

set_markers(position)：

点群とは別に空間内にマーカーを表示する。position には N × 3 の NumPy
二次元配列を渡すこと

2. Simulator

alifebook_lib.simulators 内にある XXXSimulator クラスは、エージェントモデル
の環境をシミュレーションするためのクラスです。また、リアルタイムに可視化も同
時に行います。

以下は、典型的な使い方です。

```
simulator = Simulator(simulation_setting_parameters)

while simulator:
    sensor_data = simulator.get_sensor_data()

    ― sensor_data を用いてエージェントの行動 (action) を計算 ―

    simulator.update(action)
```

また、遺伝的アルゴリズムなどで一度のプログラム中で何度もシミュレーションを
実行したい場合は、reset(random_seed) メソッドを用いてシミュレータを初期状態
にリセットできます。引数に乱数のシードを設定することで、内部の乱数生成をコン
トロールできます。

以下は、各クラスのコンストラクタパラメータ、get_sensor_data メソッドの戻り
値、update メソッドに与える action の形式、クラス独自に使えるメソッドについて
です。

class VehicleSimulator(width=600, height=600, obstacle_num=5, obstacle_radius=30, feed_num=0, feed_radius=5)

本書 5 章の 2 輪ロボットをシミュレートし可視化するクラス

　シミュレーション空間は四方を壁に囲まれた正方形のアリーナで、障害物とロボットが集めるターゲット（エサ）を配置できます。ロボットが一定時間触れたターゲットは消滅し、その分空間内のランダムな位置に新しく生成されます。ロボットには、左右の車輪、左右斜め前方の距離センサー、ターゲットに接しているかどうかを感知するセンサーが付いています。

get_sensor_data の戻り値：

Python の辞書形式で各センサーの値

```
{
    "left_distance": float
    "right_distance": float
    "feed_touching": bool
}
```

action の形式：

要素 2 のリストもしくは NumPy 配列

```
[left_wheel_speed(float), right_wheel_speed(float)]
```

初期化パラメータ：

width, height (optional)

表示するウィンドウのサイズ

obstacle_num（optional）

障害物の数。障害物はアリーナ内に円状に配置される

obstacle_radius（optional）

障害物サイズ

feed_num（optional）

ターゲットの数

feed_radius（optional）

ターゲットのサイズ

set_bodycolor(color)：

ロボットの表示色を color に設定する。color には各色 0 から 1 で RGB 値を (red, green, blue) のタプル形式で与える。

class   AntSimulator(N, width=600, height=600, decay_rate=1.0, hormone_secretion=None)

本書 6 章および 7 章のアリのエージェントモデルをシミュレートし可視化するクラス

エージェントは、7 つのセンサーで外部に分布した化学物質の濃度を検知します。また、自分自身も化学物質を分泌するように設定することもできます。

get_sensor_data の戻り値：

N × 7 の NumPy 二次元配列。N はエージェント数、各列はエージェントのセンサーの値

action の形式：

N × 2 の NumPy 二次元配列。N はエージェント数、1 列目は各エージェントの速度、2 列目は各エージェントの角速度

初期化パラメータ：

N

エージェントの数

width, height (optional)

表示するウィンドウのサイズ

decay_rate (optional)

環境の化学物質の減衰量

大きな値ほど減衰は遅くなり、1 でまったく減衰しなくなる

hormone_secretion (optional)

エージェント自身が分泌する化学物質の量

各ステップでエージェントの中心 5 × 5 のグリッドにこの量の化学物質が付加される。ただし、化学物質の濃度の最大量は 1 なので、1 以上にしても意味はない。None に設定した場合、エージェントは化学物質を分泌せず、逆に走路の化学物質を吸収する

set_agent_color(index, color)：

index 番目のエージェントの表示色を color に設定する。color には各色 0 から 1 で RGB 値を (red, green, blue) のタプル形式で与える

get_fitness()：

現在のエージェントのフィットネス値をサイズ N の配列に入れて返す。ここで N は最初に設定したエージェント数

3. 実際の ALife プログラミングに向けて

　ここで紹介したクラスは本書での学習用に用意した簡易的なものですので、本書の内容を理解したら、次は読者の皆さんが使い慣れた言語やそのライブラリ、より高機能なツールといった目的に合った環境で ALife のプログラミングに挑戦してみてください。

　参考までに、以下におすすめのライブラリを紹介します。

・Python で利用できる可視化ライブラリ

-Matplotlib

グラフプロットを中心とした Python では定番の可視化パッケージ

-Bokeh

ブラウザを用いたインタラクティブな可視化を実現する高機能なパッケージ

-HoloViews

Matplotlib や Bokeh を使いやすくするためのラッパー的なパッケージ

-VisPy

OpenGL を用いた高性能な可視化が可能（本書ライブラリ内で使用）

-Glumpy

VisPy に近いがより低レイヤーを意識しているので OpenGL に詳しい人向け

・Python 以外の言語やそのフレームワークでシミュレーションや可視化に向いたもの

-OpenFrameworks（C++）

-Processing（Java に似た独自言語）

-JavaScript + HTML5 Canvas

索 引

● 著者紹介

岡 瑞起（おか・みずき）

工学博士。筑波大学システム情報系准教授、ウェブサイエンス研究者

United World College of the Adriatic（UWCAD）卒業、筑波大学大学院システム情報工学研究科博士課程修了。東京大学・知の構造化センター特任研究員、筑波大学助教を経て、現職。ウェブの存在そのものを新しい「自然現象」としてとらえ、その「生態系」としての構造を明らかにする研究を行う。また、2016 年 7 月に池上高志・青木竜太と「ALIFE Lab.」を立ち上げ、ALife の研究者と他分野との共創を促進する活動を展開中。専門は、ウェブサイエンス、人工生命。人工知能学会・ウェブサイエンス研究会主査。株式会社オルタナティヴ・マシン代表取締役。

「ウェブサイエンス研究室」http://websci.cs.tsukuba.ac.jp/

「岡瑞起」http://mizoka.jp/

池上 高志（いけがみ・たかし）

理学博士。東京大学大学院総合文化研究科教授、複雑系科学・ALife 研究者

1961 年生まれ。東京大学理学部物理学科卒業、同大学院理学系研究科博士課程修了後、米国ロスアラモス国立研究所に留学。神戸大学大学院自然科学研究科助手、東京大学大学院総合文化研究科助教授、オランダ・ユトレヒト大学理論生物学招聘研究員、東京大学大学院総合文化研究科教授などを経て、2010 年より現職。複雑系と人工生命をテーマに研究を続けるかたわら、アートとサイエンスの領域をつなぐ活動も精力的に行う。著共書に『人間と機械のあいだ 心はどこにあるのか』（講談社）、『動きが生命をつくる―生命と意識への構成論的アプローチ』（青土社）、『生命のサンドイッチ理論』（講談社）、『複雑系の進化的シナリオ―生命の発展様式』（朝倉書店）など。

「池上高志研究室」http://sacral.c.u-tokyo.ac.jp/

ドミニク・チェン
学際情報学博士。早稲田大学文化構想学部准教授、起業家・情報学研究者
1981 年生まれ。カリフォルニア大学ロサンゼルス校 (UCLA)Design/MediaArts 学
科卒業、東京大学大学院学際情報学府博士課程修了。NTT InterCommunication
Center［ICC］研究員／キュレーターを経て、NPO コモンスフィア（クリエイティ
ブ・コモンズ・ジャパン）理事。株式会社ディヴィデュアル共同創業者・取締役。
2008 年 IPA 未踏 IT 人材育成プログラム・スーパークリエイター認定。ウェルビー
イングとテクノロジーの関係、人工生命技術と創造性の関係性、インタフェース・デ
ザインの研究活動に従事。著書に『謎床―思考が発酵する編集術』（晶文社）、『電脳
のレリギオ―ビッグデータ社会で心をつくる』（NTT 出版）、『インターネットを生命
化する―プロクロニズムの思想と実践』（青土社）、『フリーカルチャーをつくるため
のガイドブック―クリエイティブ・コモンズによる創造の循環』（フィルムアート社）
など。訳書に『ウェルビーイングの設計論―人がよりよく生きるための情報技術』
（BNN 新社）、『シンギュラリティ―人工知能から超知能まで』（NTT 出版）など。

青木 竜太（あおき・りゅうた）
コンセプトデザイナー、社会彫刻家
ヴォロシティ株式会社代表取締役社長、株式会社オルタナティヴ・マシン代表取締役
「TEDxKids@Chiyoda」設立者兼キュレーターや「Art Hack Day」、「The TEA-
ROOM」、「TAICOLAB」、「ALIFE Lab.」の共同設立者兼ディレクターも兼ねる。アー
トやサイエンス、カルチャー領域で、コンセプトデザイン、ディレクション、プロ
ジェクトのプロデュースや事業開発を行う。
http://ryutaaoki.jp/

丸山 典宏（まるやま・のりひろ）
東京大学大学院総合文化研究科特任研究員
1984 年生まれ。東京大学大学院総合文化研究科単位取得満期退学。同大学院池上高
志研究室で ALife 分野の研究を行う一方、大学内外でアート作品制作や開発業務に
ハード・ソフト両面から主に技術スタッフとして携わる。

● ALIFE Lab.（エーライフラボ）について

人工生命研究者や他の分野との連携を促進する学際的なコミュニティ「ALIFE Lab.」は、本書著者らが中心となって 2016 年 7 月より始動。「生命とは何か？」という究極の問いは、サイエンスの領域だけで答えを出すのはそう簡単なことではない。この問いに対し、ALIFE Lab. は、アート、デザイン、音楽、ファッション、メディアなど、より多角的な視点を取り入れ、他分野との共創を促進するためのプラットフォームとなっている。

ALIFE Lab. では、ALife 研究者の持つ知見や思考を社会と接続することを目指し、共創活動を展開。生命システムの理論を応用した新しい発想法や思考法の開発、アート作品制作などを手がけている。また、人工生命の概念と技術を啓発するためのイベント、スクール、シンポジウムを開催。2018 年には、ALife が提唱された 1987 年から続く全世界の ALife 研究者が集まる人工生命国際学会「ALIFE 2018」を東京で主催する。

その活動は、ALife Lab. の公式ウェブサイトや、Facebook ページなどを通して発信されている。

公式ウェブサイト http://alifelab.org/

Facebook ページ https://www.facebook.com/alifelab.org/

作って動かす ALife
―実装を通した人工生命モデル理論入門

2018 年 7 月 27 日	初版第 1 刷発行	
2018 年 8 月 30 日	初版第 2 刷発行	

著　　　　者　　　岡 瑞起（おか みずき）、池上 高志（いけがみ たかし）、ドミニク・チェン

　　　　　　　　　青木 竜太（あおき りゅうた）、丸山 典宏（まるやま のりひろ）

発　行　人　　　ティム・オライリー

編　集　協　力　　　窪木 淳子

制　　　作　　　矢部 政人

印　刷・製　本　　　日経印刷株式会社

発　行　所　　　株式会社オライリー・ジャパン

　　　　　　　　　〒 160-0002　東京都新宿区四谷坂町 12 番 22 号
　　　　　　　　　Tel　（03）3356-5227
　　　　　　　　　Fax　（03）3356-5263
　　　　　　　　　電子メール　japan@oreilly.co.jp

発　売　元　　　株式会社オーム社
　　　　　　　　　〒 101-8460　東京都千代田区神田錦町 3-1
　　　　　　　　　Tel　（03）3233-0641　（代表）
　　　　　　　　　Fax　（03）3233-3440

Printed in Japan（ISBN978-4-87311-847-5）

乱丁、落丁の際はお取り替えいたします。